未来成功人 10Q 全商培养

志商 *Will Intelligence Quotient* 一意志商数（WQ）

WQ 志商

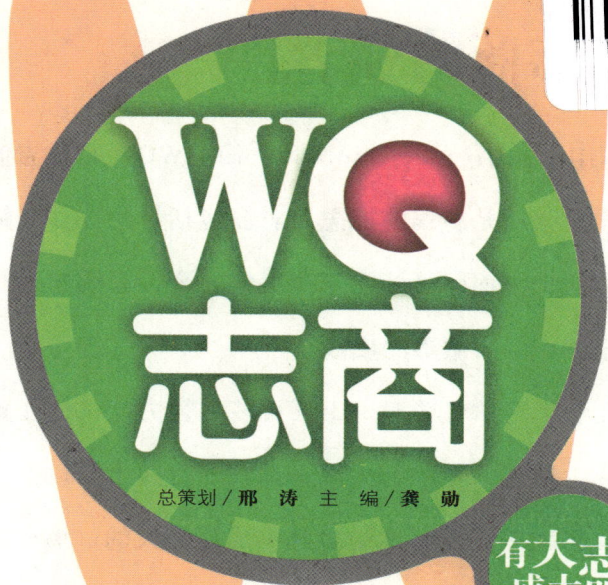

总策划／邢 涛 主 编／龚 勋

有大志，成大器

华夏出版社

我是高志商的强者！

志商（Will Intelligence Quotient，简称WQ）指意志商数，是衡量一个人意志坚强还是脆弱的标志。志商包括目的性、坚韧性、果断性和自制力等几个方面，虽然它不能决定一个人聪明与否，但却在一定程度上决定着一个人做事的成败。

美国心理学家特尔曼曾对一千五百多名智力超常的儿童进行大规模的追踪研究，这些儿童的智力水平都在一百四十分以上，但其日后的成就却存在很大差异。特尔曼对其中成就最大的20%和成就最小的20%进行比较，发现这两组人的差别主要在他们的性格品质上，特别是意志力的差异上。成就大的一组人的进取心、自信心、不屈不挠等意志品质都明显高于成就小的一组人。

这个实例证明，志商对一个人智慧水平的发挥具有重要的影响。智商可以通过后天的训练提高，但如果没有坚韧的品质和持之以恒的毅力，智商是难以真正提高的。许多人一生平淡，默默无闻，常常不是因为没有才干，而是因为缺乏远大的志向和坚韧的品质。

本书就从培养学生做事的目的性、坚韧性、果断性和自制力几个方面出发，以讲故事为主，做游戏为辅，帮助学生认识志商、了解志商、提高志商。每个故事后面都设置了"奋进人生"和"培养策略"栏目，前者可帮助学生更好地了解故事的内涵，后者则是结合故事，配合日常生活中的事例，为家长和学生提供了各种具体的志商培养方案，简单明了，指导性强。每个故事后面还配有游戏练习，让学生在做游戏的过程中，认识到自身的志商水平，更深入地理解什么是高志商。

另外，本书的最后一章为"志商大检阅"，设置了五关题目，题目由易到难，让学生检测自己的志商水平，激发他们自主地提高志商，向强者的方向迈进。读过本书，希望每个小读者都能成为一个做事有明确目标、有毅力、办事果断、能自我约束的高志商强者。

目录 CONTENTS

3 学会第一时间做事
——锻炼果断的办事魄力

目录 CONTENTS

1 让梦想为人生导航
——树立明确的目标

　　人生要有梦想，有远大的志向，才能活得精彩。如果你漫无目的，得过且过，不知道自己想干什么、想成为一个什么样的人，那么你的人生将会杂乱无章或平淡无奇。梦想和目标就像一盏指明灯，有了它，人生才有方向，你才知道脚下的路应该怎么走。

　　本章的各个故事就是在讲梦想和目标的重要性，后面的游戏则从切实的生活出发，教你如何寻找梦想，树立目标。读过本章，希望你能找到明确的人生方向，有梦想为你的人生导航。

成功为什么不会光顾你

● 你为自己的人生树立目标了吗？如果还没有，那就来看看目标
对人生有多大的影响力吧。

美国哈佛大学曾对一群智力、学历、环境等客观条件都差不多的年轻人做过调查，内容为目标对人生的影响，当时在这些人中：

有27%的人没有目标；

有60%的人目标模糊；

有10%的人有清晰但比较短期的目标；

有3%的人有清晰且长期的目标。

二十五年后，这些调查对象的生活状况如下：

3%有清晰且长远目标的人，二十五年来几乎不曾更改过自己的人生

目标，而且始终为实现目标做着坚持不懈的努力。今天这些人几乎都成为各界顶尖的成功人士，其中不乏白手创业者、行业领袖、社会精英。

27%没有人生目标的人，几乎都生活在社会的最底层，生活状况很不如意，经常处于失业状态，靠社会救济维持生活，并且时常抱怨他人、社会、世界。

10%有清晰短期目标者，大多生活在社会的中上层。他们的共同特征是：短期目标不断实现，生活水平稳步上升，成为各行各业不可或缺的专业人士，如医生、律师、工程师、高级主管等。

60%目标模糊的人，大多生活在社会的中下层，他们虽然能安稳地工作与生活，但都没有什么特别的成绩。

调查者因此得出结论：目标对人生有巨大的导向性作用。成功，在一开始仅仅是一种选择，你选择什么样的目标，就会有什么样的人生。

为什么大多数人没有成功？因为真正能完成自己计划的人只有5%。大多数人不是将自己的目标舍弃，就是沦为缺乏行动的空想家。

■ 撰文/佚名

奋进人生 / Struggling Life

确立目标，付出行动，在每个明天，都是比今天前进一步，这便是一种成功；而没有目标，漫无目的，浑浑噩噩，就如同航船没有了方向，只会湮没在人生的海洋。

培养策略 / Training Strategy

从制订短期目标开始，先想这一学期要完成什么任务，再想这一年自己要干什么，再想10年、20年后自己想成为什么样的人。从兴趣出发，让一个个小目标汇成一个长期的明确的大目标，然后一步步朝大目标迈进。当你实现了一个小目标，你会感到成功的喜悦，并促使你向下一个小目标前进。当你把一个个小目标踩在脚下的时候，距离人生的大目标也就不远了。

远大的志向成就辉煌的人生

■ 亚历山大大帝　Alexander
梦想征服世界的军事天才

　　亚历山大是古希腊马其顿国王腓力二世的儿子，他自幼聪慧好学，渴望像荷马史诗中描写的英雄阿喀琉斯那样建功立业。随着年龄的增长，他不时流露出想征服世界的欲望，十六岁便跟随父亲四处征战。二十岁时，亚历山大继承了王位，迅速平定了因父亲去世而引发的内乱，并进行了长达十年的东征。他进攻波斯、埃及、印度等国，最后建立了地跨欧、亚、非三洲的庞大帝国。

■ 汉尼拔　Hannibal Barca
用兵如神的军事统帅

　　汉尼拔出生于古迦太基国的一个军事家庭，当时罗马与迦太基经常发生战争，汉尼拔自幼立下了誓死抵抗罗马的志向。长大后，他从一名普通将领成长为迦太基的军事统帅。公元前218年，罗马向迦太基宣战。汉尼拔避开敌军主力，毅然带领大军翻越了人迹罕至的阿尔卑斯山，攻入意大利本土，给了敌军以出其不意的沉重打击。汉尼拔用兵如神，此后他又多次打败罗马军，致使罗马人闻风丧胆。

■ 凯撒　Gaius Julius Caesar
古罗马的终身独裁官

　　凯撒出生于罗马贵族世家，少年时便有非凡的抱负和志向，渴望成为政治家。为学习政治家必备的雄辩才能，他不但拜罗马著名的雄辩家为师，还只身到外地求学。公元前68年，打压凯撒的罗马首领苏拉病死，凯撒抓住机会，登上政坛。之后他又与庞培、克拉苏结盟，出任高卢总督。公元前48年，他打败庞培，成为罗马终身独裁官。

当一块石头有了愿望

● 当你被一块石头绊倒，你是否想到石头也有它的愿望。假如你
了解了这种愿望，你也能创造出一种奇迹。

他是一个平凡的邮差，每天徒步奔走于宁静秀美、民风淳朴的乡村之间。他的日子过得很普通，几乎没有任何波澜，就像他脚下的路一样。

他每天寂寞地行走，尽职尽责地为人们传递各种悲欢故事、离别思念和财富渴望。在当地人眼中，他是一面流动的风景和梦想的传递者，大家都欢迎他、期盼他。

走在送信的路上，他偶尔也会仰望天空、出神遐想，失去了方向感和行走的平衡，就这样，他被一块石头绊倒了。本来，被石头绊倒也没什么，爬起来重新走路就完了。可是，多次被同一块石头绊倒后，他突然意识到，也许这块石头想告诉他些什么。

他终于停下脚步，细细地打量起这块让他难堪的石头。没想到这一看，他竟然发现它异常美丽，好像是一块被人遗失的宝石，瞬间放射出灿烂的光辉。

邮差把石头捡起来，左看右看，爱不释手。最后，他拍拍身上的尘土，把石头放进邮包里，继续赶路。因为背包里多了一块美丽的石头，他感到心情愉悦，快乐无比。

幸运的是，在平凡的乡村小路两旁，这种石头俯拾皆是。邮差似乎第一次发现这种丰饶，普通的石头在他眼里有了不同的意味。

当他到达送信地点后，村里的人发现他邮包里除了信件，还有一块沉重的石头，都感到非常奇怪，纷纷劝他："赶快把石头扔了吧，你每天要走那么多路，这可是个不小的负担。"

但邮差取出石头，再次细细地打量一番，又把它放进了邮包里。他一直背着这块石头走到天晚，走回家里。

他疲惫地倒在床上，突然产生一个新奇的念头："如果用这样美丽的石头建造一座城堡，那将会多么动人啊。"

于是，在此后无数个日子里，他每天送信，每天捡石头。各种稀奇古怪的石头都被他收进囊中，石头捡得越多，离他的梦想就越近了一步。小小的邮包已经放不下那些石头了，他改用独轮车来装载。在送信的途中，只要看到中意的石头，他就把它放在自己的车上。

人们看到邮差用独轮车来送信，都感到十分吃惊和不解。他说他要用这些石头来建一座城堡，大家都对他的想法和行为报之一笑，认为他神经出了问题。

尽管被人嘲笑，但邮差相信石头会带来奇迹，带来一种崭新的存在。他白天依然送信，传递别人的梦想，而晚上他成了建筑师，建造自己的梦想。在这个过程中，没有其他人愿意参与进来，没有人来分享和承担，只有邮差自己。

二十多年的白天和黑夜过去了，邮差不停地寻找石头，搬运石头，堆积石头……在他偏僻的住处，终于出现了他梦中的城堡。那些人们司空见惯、熟视无睹的石头搭建成了一个个错落有致的建筑，有清真寺式的，有印度神教式的，也有基督教式的……它们就好像是上帝遗落在人间的一枚枚巨大的戒指，与当地的风景相得益彰。

1905年，法国一家报社的记者偶然发现了这群低矮的城堡，这里的风景和城堡的建筑格局令他叹为观止。当他得知这一切都是人力所为时，深深被邮差的创意和毅力所折服。他写了一篇文章，向全世界介绍了邮差，宣传了他的城堡。

这篇文章刊出后，邮差一个人的城堡、一个人的梦想，成为了公众的城堡、社会的事件。邮差迅速成为人人关注的新闻人物。许多人都慕名前来参观城堡，连当时最有声望的画家毕加索也专程参观了这群建筑。

没错，这是个真实的故事。这位乡村邮差，名叫薛瓦勒。

现在，他的那个城堡已成为法国一个著名的风景旅游点，成为浪漫法国的一种深入人心的标志事件，它的名字就叫做"邮差薛瓦勒之理想宫"。

在城堡的石块上，薛瓦勒当年的许多刻痕还清晰可见，有一句话就刻在入口处的一块石头上："我想知道，一块有了愿望的石头能走多远。"据说，这就是那块当年绊倒过薛瓦勒的石头。

■ **撰文**/陆勇强

奋 **进人生** / Struggling Life

其实，很多人都不缺少坚定的毅力与决心。然而，很多时候，他们缺少一个美好的梦想。给自己一个梦想，它会从你平庸的生活中开出一朵美丽的花，让看似幻想的事情，变为奇迹。

培 **养策略** / Training Strategy

生活中到处有美的东西，很多时候我们缺少梦想，是因为缺少发现美的眼睛。从现在开始，留心生活中的一事一物，当你确定哪一种东西是美的，就下决心用自己的力量去让更多的人看到它的美。比如，花草是美的，你想让整个城市或乡村都种满花草；泉水是美的，你想开发出更多的泉，让更多的人享用。这样，你就有了梦想，有了人生的目标，也有了生活的动力。

关于花的梦想

　　李明特别喜欢花，一次他在山间发现一种罕见又美丽的花。之后，他细心培育了该花的花种，决定把它种植到全世界任何适合它生长的地方，让更多的人欣赏到它。你怎么看待他这种想法？

■ 你的看法 /

A.自己欣赏就够了，何必那么费力去把它推广到全世界？

B.这个很难做到，不如做一些切实可行的事，比如把花送给家人和朋友。

C.这个梦想很有意义，只要他努力，就能实现。

■ 点评 /

选A的同学：

　　每个人都应该有一个美好的梦想，为了梦想而奋斗，人生才有意义。

选B的同学：

　　你的想法有合理之处，但梦想正因为实现起来有困难，需要努力奋斗才更具价值。

选C的同学：

　　对，有梦想就勇于追求，这样的人生才会更加美丽。

所以C是最好的选择。

■ 专家悄悄话 /

　　人生有梦想，才有前进的动力；为了梦想而努力，生命才能精彩。梦想都是超越现实的，只要它是高尚、美好的，就具有存在的价值和实现的意义。不要怕实现它有多难，只要你肯为之奋斗，你会发现它原来并不遥远。

戈达德的梦想

● 你最希望得到什么，那就是你的梦想。有了梦想，还要学会用双手去实现梦想。

戈达德出生在美国西部的一个小山村里，这里群山环绕着，与外界几乎隔绝。

戈达德的家很穷，他几乎没有出过远门。他常常眺望着远处的山峦。远处，迢迢渺渺，山高水长。那里又有着怎样的景致呢？这种念头和遐想，在他心里一遍遍地描摹着，蔓延成无限的渴望和憧憬。

他10岁那年，有一天，一辆路过的车陷在烂泥里，无法动弹。戈达德喊来村里的小伙伴，帮助这位司机把车推出了泥泞。

这位司机非常感动，和他聊了起来。司机对他说，美国的纽约、华盛顿、旧金山很繁华，那里高楼林立、道路四通八达，马路上的小汽车像毛毛虫，一个接一个，前面看不到头，后面瞧不见尾，人们过着幸福、甜蜜的生活。人们坐上飞机、轮船，还能漂洋过海，到世界其他国家游玩。戈达德听着，幸福地陶醉了。

分别时，司机还送给戈达德一本《世界地图》，告诉他，全世界都在上面画着呢。戈达德高兴极了，他把这本《世界地图》紧紧地搂在怀里。从此，他怀揣着这本《世界地图》，每天跑到村里一个叫约翰的老人家，听老人讲《世界地图》上的故事。

约翰是村里唯一识点字的老人。老人看到戈达德这样认真，就耐心地讲给他听。不过，约翰也没有到过那些地方，他边讲给戈达德听，脸上也露出了幸福和憧憬的神色。

村里像戈达德一般大的孩子每天都在放羊、放牛，而他却整天抱着本《世界地图》往约翰老人家里跑，大人们都很不解。

　　有一天，大人们问戈达德整天看那本书有什么用？他说，我梦想以后能走出这座大山，到纽约、华盛顿、旧金山去，还要到世界上的许多地方去。

　　人们听了不禁哑然失笑，揶揄道你不放羊放牛，将来连老婆都找不到，还想走出这小山村？我们这里的人世世代代都没有走出过这小山村，不是照样过日子？你这孩子头脑一定有问题。

　　从此，村子里的大人教育自家小孩，常常会这样说道，你不听话，整天好高骛远，就只能像戈达德一样，将来一事无成。只有喂好牛和羊，将来娶了老婆生了娃，这才是人生最大的梦想。

　　戈拉德听到人们拿他说笑，目光中闪烁着一种坚定的神色。他挺直了腰板，昂起了头，大步向远处的山峦走去，留下的只有一道薄凉而厚重的背影。

　　春去秋来，花开花落，许多年过去了。戈达德在村子里的人眼睛里早已消失了。那些放羊放牛的孩子，长大了，也都娶上了老婆。不久，他们又有了自己的孩子。他们笑了，笑自己的羊和牛又有人来放了，他们的梦想实现了。

　　让人意想不到的是，戈达德真的成了一名著名的探险家。他到过世界许多地方，征服了一个个险峰、激流、荒岛……他把他曾经生活过的小山村告诉了美国、告诉了世界。

人们从此知道了那个小山村，许多人慕名寻找到那里，寻觅他曾经生活的影子。

村子里的人终于知道了戈达德，知道了他这么多年的发展和成就，知道他成了世界名人。人们深感震惊，并钦佩不已，人们奔走相告，说他是村子里的骄傲！

村里人还常常教育自己的孩子，你们要像戈达德一样，从小就要有一个远大的理想，长大了，才会走出这小山村，才会成为有出息的人！

村民们在村口为戈达德塑造了一尊雕像，在雕像下方刻有他少年时常看的那本《世界地图》。

当有外人来到村子里的时候，村里无论男女老少，都会向客人热情地介绍戈达德。

从此，村子里有许多人走出了这个小山村。他们中有的成了教师、有的成了企业家、有的成了作家，还有的成为了钻井工人、销售员、演员。

有记者问村里的老人，你们村子里怎么走出了这么多的人才？老人把记者带到村口那尊雕塑前，说道，戈达德告诉我们，一个人一定要有一种梦想，没有梦想的人生是空洞和乏味的。梦想，就是一种力量，它能带你飞过高山、冲过激流，看到更大、更远、更美丽的世界。

■ 撰文/李良旭

奋进人生 / Struggling Life

每个人都应该有自己的梦想，不管你是穷人还是富人。有了梦想，你才有了生活的方向和前进的动力。有了梦想，你才能走出浑浑噩噩的人生，达到理想的顶峰。给自己一个梦想吧，相信自己，你有实现梦想的能力。

培养策略 / Training Strategy

人生需要梦想来导航。假如你还没有梦想，那就想想自己有哪些长处，你希望把自己的长处发挥到什么程度、达到什么状态，这就是你的梦想。比如，你擅长绘画，希望成为画家；你口才好，希望自己成为演讲家。从自己的长处出发，你会为自己的人生找到一个美好梦想。把长处发挥到极致，你就能梦想成真。

迷茫的童童

　　童童喜欢在地上写写画画，尤其喜欢画一些几何图案，但妈妈问他有什么梦想时，他却很茫然，不知道自己将来想干什么。下面是同学们就梦想问题给童童的建议，你赞成哪个说法呢？

■ 大家的建议 /

A.我不认为梦想有多重要，只要童童跟着感觉走，做自己想做的事就好了。

B.童童可以从自己的兴趣出发，给自己树立一个将来做数学老师或建筑学家的梦想。

C.他可以和妈妈认真讨论这个问题，然后树立一个适合自己的人生梦想。

■ 点评 /

选A的同学：

　　跟着感觉走，很可能会迷失自己。只有给自己树立了明确的目标，人生才有方向。

选B的同学：

　　你的建议很好，从自己的兴趣点出发，更乐于去实现梦想。

选C的同学：

　　你的想法也不错，可以让妈妈来指导参与，但最后一定要自己拿主意。

所以B和C都是可取的。

■ 专家悄悄话 /

　　没有梦想，漫无目的，人生就会迷茫，也难有较大的成就。所以，人生需要梦想。树立梦想，可以从自己的兴趣和爱好出发，也可以从自己现实情况的需要出发，这样你就会有更大的热情去实现梦想。

偏执的成功者

● 起初，他是人们眼中只想修车的"傻子"。但是，这个"傻子"却一步步扩大了生意，创造了别人意想不到的成就。

十年前，在一个较为偏僻的乡村，政府出资修筑了一条公路。公路修好后，就有汽车在路上跑起来了。他，一个不起眼的汉子，就住在公路边的一道坡下，在上坡岭前摆了一个修车摊。他做过一个统计，公路上每天经过的汽车是八辆，拖拉机是十一辆，自行车是二十三辆。他每天能修的车可以说是寥寥无几。

摆这样的修车摊，几乎成了一个笑话。父母反对，亲朋劝阻，所有人都不希望他把大把的时间都花在等待修车上。但他没有动摇，修车摊一摆就是十年，十年内风雨无阻。十年后，这个无名地段有了自己的名字——修车岭。在省城长途汽车站内，只要说一声"修车岭"，那些售票员全都知道，他们还知道这修车岭下有一个修车摊，一个修车人常年待在那里。"修车岭"这个名字，就是从他的修车摊来的。当然，这一切都是站里的司机们互相传告的。

这个修车人是"傻子"，这是司机们揣测的。你想啊，每天只有那么少的车经过这里，修车摊怎么会有生意呢？每天守着这样的摊子，能挣到钱吗？修车人的绰号真的叫"傻子"，村里人都这样叫他。据说，十年前他突然迷上修车，花几块钱买了修车工具之后，就再也不肯罢手了。

又是十年后，公路上跑的车渐渐多起来了。公交车、长途车、大卡车、小汽车……什么样的车都有。修车人又做了一个统计，每天公路上经过的汽车有八十辆，拖拉机有五十辆，自行车有两百多辆。他成了忙人，每天有修不完的车。

他因修车赚的收入越来越多，很快成为村里最早富裕起来的人。不久他盖起了楼房，买了摩托车，还把修车摊改成修车铺，店面扩大了一倍。人们当初对"傻子"的嘲笑变成了羡慕，都说他有头脑，能赚钱。

又是五年后，公路扩建了，每天在修车岭经过的车不计其数，他已经无法统计了。他把修车铺再次扩大，由一间铺子改成三间，还雇了几位帮工帮他修车。生意越来越火，远近百里的车主都到他的车铺修车。他几乎是日进斗金，资产慢慢达到数百万元了。

这时，有外省的商人到这里办企业，想和他合资一起干。他想都没想就拒绝了。乡镇政府又开出优厚的条件请他投资当地经济作物的种植，他也拒绝了。那可都是坐在家里就可以赚大钱的好机会，比简单的修车不知要强上多少倍。没想到，他竟这样执迷不悟。大家都感觉他的"傻"劲儿又上来了，家人骂他傻，邻居笑他痴，说他有再多的钱也不过就是个修车的，没多大出息。在一片嘲骂声中，他宣布要把修车铺再次扩大。

消息一传出，大家更加嘲笑他，说他简直发了疯，脑子完全被修车迷住了。仅仅一条公路哪有那么多的车供他修啊？这不是把钱往水里扔吗？

几个月后，他的两层楼的工房都盖好了。人们等着看他的笑话，却在他的工房大门前看到一块挂着红绶带的牌子，上面写着"机动车特殊器件加工厂"。这时，人们才明白，原来他要做的不仅仅是修车，而是主要加工生产机动车上的一些易损耗器件。他的工厂投入生产，第一批产品就因为质量过硬、价格低廉而广受欢迎，一下子打开销路，后面的事就都顺理成章了。

五年后，省城城郊的开发区进驻了一家大型汽配生产公司，它的产值有三亿元，产品远销到了海外。

也许有人已经猜到了，这家汽配公司的老总就是当初那个被叫做"傻子"的修车人。这时，他已两鬓斑白，完全褪去了"傻气"，更像一个有风度的学者。他没上过多少学，但自从修车后，他自学了机械方面的各类知识，对汽车行业的前景看得非常清楚。

如今，他已是省城大学的名誉教授，在给大学生讲营销课的时候，原来不爱说话的他，可以不用讲稿就滔滔不绝地讲上一个多小时。他说，所谓的营销，所谓的经营，没有什么绝招，除了"坚持"，就是"坚持"。现在，在他的老家，村里的人们仍然叫他"傻子"。但是，他其实从来就没有傻过。

■ 撰文/陆勇强

奋进人生 / Struggling Life

人生树立一个梦想容易，但要坚持一个梦想却没有那么简单。因为在你坚持的路上，总有一些所谓的"智者"在干扰你的行动，总有这样那样的诱惑会吸引你的目光。你要做的，必须是去除杂音，排除杂念，一条路走到底，如此才能获取成功的硕果。

培养策略 / Training Strategy

人生要立长志，而不是常立志。树立一个目标后，还要坚持一个目标。所以，我们要以长远的目光看问题，确定自己的目标具有长远的价值，就坚持下去，不被眼前利益或其他事情所诱惑。比如你想成为一名画家，就坚持在绘画上下工夫，不要一会儿看着弹钢琴不错就改去弹钢琴，一会儿又觉得唱歌很有前途又改去练唱歌，这样你会一事无成。

跨栏

董浩喜欢跨栏，他的人生目标是成为顶级跨栏高手，他为此坚持不懈地练习。但他的父母，还有很多朋友都认为练习跨栏很难取得特殊的成就，还耽误学业，纷纷劝他放弃。面对这些劝言，董浩该怎么办呢？

■ 董浩的做法 ╱

A.认为自己的目标是有价值的，决定坚持下去。

B.认真考虑父母和朋友的意见，也许他们是对的。

C.更加刻苦练习跨栏，做出些成绩向大家证明自己的选择没有错。

■ 点评 ╱

选A的同学：

有了目标，就应该坚持，你的选择是对的。

选B的同学：

考虑别人的意见没有错。但如果不管别人说什么，你都轻易改变，到最后将很难真正实现一个目标。

选C的同学：

你的做法很棒，用实际行动证明自己目标的价值所在，更有说服力。

所以A和C都是合理选择。

■ 专家悄悄话 ╱

立下一个目标，还要坚持去实现它，这样目标才有意义。否则，不断地更新、改换目标，那就等于没有目标。家长也应该多反省自己的行为，不要用自己的价值观或眼前的利益轻易去影响孩子的决定。

青蛙柏拉图的飞行训练

● 青蛙是不会飞的，如果硬要它飞行，结果是创造了奇迹，还是会一败涂地？

从前，有一个名叫陈梦千的人，他养了一只青蛙，给它取名为柏拉图。陈梦千虽然生活无忧，但是他总梦想着有朝一日自己能够暴富，成为人人敬仰的大富翁。

一天，他在电视上看到有人训练了一只猴子，那只猴子能表演各种非凡的技能，人因此成为名人，猴子也因此成为名猴。

陈梦千突来灵感，他对柏拉图说："我要教你学会飞行，这样我们很快就能发财了！"

青蛙柏拉图一听大吃一惊，说："等一等，我不会飞呀！我没有翅膀，只有四条腿，跳一跳还可以，怎么能飞呢？你要明白，我是一只青蛙，而不是一只麻雀！"

陈梦千听了这样的回答，并没有泄气，他批评柏拉图道："你这种态度非常消极。不会飞才要练习飞啊，这样才能赢得别人的关注。这样吧，我先为你报一个培训班。"

于是，柏拉图上了三天的培训班，它学习了战略制订、时间管理以及高效沟通等课程，但是关于飞行方面的知识，却什么也没有学。柏拉图只能寄希望于陈梦千只是想玩一玩，而不是真的想要它飞行。但没想到，陈梦千这次态度非常坚决。

第一天飞行训练，陈梦千十分兴奋，而柏拉图却很害怕。陈梦千解释说，他们住的公寓一共有十五层，他让柏拉图从第一层开始，从窗户向外跳，每天加一层，最终达到十五层。每一次跳完之后，柏拉图要总结经验，找出最有效的飞行技术，然后把这些技术运用到下一次训练中。等到达最高一层的时候，柏拉图就学会飞行了。

可怜的柏拉图请求道："请你考虑一下我的性命问题吧，这样的训练注定是要失败的。"

但是陈梦千根本听不进去，他生气地说："你这只青蛙根本就不理解青蛙会飞的意义，更看不到我的宏图大略，我不会因为你的反对而放弃的。"说完，他毫不犹豫地打开第一层楼的窗户，把柏拉图扔了出去。

第二天，准备第二次飞行训练的时候，柏拉图再次恳求陈梦千不要把自己扔出去。陈梦千拿出一本袖珍的《高绩效管理》，然后向柏拉图解释说，当人们面对一个全新的、创造性的项目时，抵制的情绪会多么严重。接下来，只听见"啪"的一声，柏拉图又被扔了出去。

第三天，柏拉图调整了自己的策略，它不再乞求，而是采取拖延。它要求延迟训练，直到有最适合飞行的天气条件为止。

但是陈梦千对此早有准备，他拿出一张进度表，指着说："你肯定不想破坏训练的进度，对不对？"于是柏拉图知道，今天不跳就意味着明天要跳两次。不能说柏拉图没有尽其所能。如，第五天它给自己的腿加上了副翼，试图变成鸟；第六天，它在自己脖子上戴了一个红色的斗篷，试图把自己变成"超人"。但这一切都是徒劳。他跳出窗户后，仍然是垂直下落，而不是飞行。

到了第七天，柏拉图只好听天由命，它不再乞求陈梦千的仁慈，它只是直直地看着陈梦千说："你知道你在杀死我吗？"

陈梦千不予理睬，而是非常严厉地指出，到目前为止，柏拉图的表现没有任何可仿效性，完全没有达到他为其制订的目标。事已至此，柏拉图已不抱任何希望，它平静地说道："闭嘴，开窗。"然后，它瞄着楼下一个有石头的角落跳了下去。就那么一瞬间，所有的训练都结束了。柏拉图被摔得像一片叶子一样瘪，离开了这个世界。

飞行计划完全失败了，柏拉图没有学会如何飞，它降落的过程就像一袋沙子从楼上扔下来一样，而且它丝毫也没有听取陈梦千的建议："聪明地飞，而不是猛烈地下降。"

未来成功人10Q全商培养

现在，陈梦千唯一能做的事就是分析整个过程，找出什么地方错了。经过仔细的思考，陈梦千笑了："看来，柏拉图太笨了，枉费了我一番心思。下次，我一定要找一只聪明的青蛙！"

■ 撰文/佚名

奋进人生 / Struggling Life

若想成功，固然要有远大的理想，但是首先应该为远大理想选择一个正确的方向。方向错了，再努力也只是徒劳。就像陈梦千这样，一味想要青蛙练习飞行，但却没有考虑青蛙根本不具备飞行的身体条件，结果只能致青蛙丧命，训练一败涂地。

培养策略 / Training Strategy

我们所树立的理想和目标是正确的、合理的，才有可能实现，否则一切努力都是白费。所以，在树立目标的时候，要先考虑它是否符合实际和自然规律。如果答案是否定的，那就是不合理的。比如，让青蛙飞行。假如我们自己不能确定目标是否合理，可以去请教有智慧的长者，或者在实践中检验目标的可行性。如果经过多次试验都行不通，那就说明需要修正目标了，不要一条路跑到黑。

坚持唱歌的红红

红红渴望成为歌星，但是她天生五音不全，声带还受过伤，很难唱出美妙的歌声。可是，她一定要坚持唱歌，多次到音乐学院面试，遭到拒绝，她也不肯放弃。你怎么看她的做法呢？

■ 你的看法 /

A.红红坚持自己的梦想，遇到挫折也不放弃，我们应该支持她。
B.红红应该承认自己的先天条件不足，适时放弃，把精力用到别的方面。
C.她可以把唱歌当成爱好，自娱自乐，但别再强求在这方面取得突出成就。

■ 点评 /

选A的同学：

坚持梦想没有错，但如果梦想背离了实际，那么坚持只能徒劳无功。

选B的同学：

对，应该从实际出发，正视现实。

选C的同学：

你的建议很好，爱好不一定都要作为梦想去实现，用它点缀人生也不错。

所以B和C都是合理选择。

■ 专家悄悄话 /

在树立目标的时候，应该从实际出发。如果自己的目标与实际情况不符，即使努力也得不到弥补，那就要适时调整、更换目标。改换目标不一定就代表你缺乏毅力，而正说明你足够睿智，能灵活掌握自己的人生走向。

我们更需要小红花

● 幼年时的你，有哪些奇怪的梦想呢？也许它们不能实现，但它
们会为你的人生贴上一朵美丽的小红花。

今　天是我第一天上班的日子，也是幼儿园暑假后开学的第一天。我早
　　早地来到园长室报到。

"小章，你是名牌大学的毕业生，为什么会选择到我们这样一个普通
的社区幼儿园来工作？"园长是位和蔼可亲的老太太，隆起的额头上刻满
了年轮，而每一条年轮都无一例外地微微上翘，就像园里的孩子们忍不住
的笑靥。

我早就料到她会有此一问，为此，我还准备了一大堆美好的说词。

"作为一名新世纪的青年，我觉得服务基层、服务民众比在大公
司、重要部门工作更有意义。我一定会努力工作，把祖国的花朵培育得
更加茂盛……"

园长听了我的话，笑了笑，就让我去上课了。

第一堂课，我早就设计好了。既要活泼，又要让孩子们对我印象深
刻，这对我来说简直小菜一碟。我准备让孩子们谈谈自己长大了想干什
么，这样既有助于了解每个孩子的脾气、性格，也可以让我有机会与每个
孩子交流，或许我还能影响他们，培养出个别未来的优秀人物呢。

不出我的意料，小朋友们对我的话题非常感兴趣。他们就像这秋天的
雏菊，一个个喷发着生命的张力，争着想做天空下最引人注目的那朵。

"'脏'老师，'脏'老师，我长大了要做一名厨师，要做出天底下
最好吃的东西。"胖小子伍伍一边高举着手，一边站起来大声喊着。我不
无鼓励地点点头，他胖胖的圆脸上马上出现了两个甜甜的酒窝，就像他梦
想中的美食那么香甜醉人吧。

"老师，老师，我长大了要当一名自行车修理员，就像我们家门口的王爷爷一样。"自行车修理员？真是近朱者赤，近墨者黑呀，我的眉头稍稍地皱了起来。望着这个眉清目秀的小女孩，我的眼前浮现出她穿着小裙子在舞台上翩翩起舞的样子，多么像只高傲可爱的小天鹅啊！这才是她应该做的梦啊！

"老师，老师，我长大了要去捡垃圾。"小朋友晴晴清脆的声音在教室里响起，这让我趔趄了一下。可是，她的话却得到了很多小朋友的附和，他们竟然互相讨论起捡垃圾的美好感受：捡垃圾能到处玩，还能捡到很多好玩的宝贝，还可能遇到流浪的小猫小狗跟它们交朋友……我想，我此刻只想来个惊愕和流汗的表情。

讨论继续进行着，有的孩子长大了想去擦皮鞋，因为他觉得擦皮鞋非常有趣，两只手左右倒腾，鞋刷子刷刷地响，很快就能使一双脏兮兮的鞋像刚洗过脸一样清洁可人了；有的孩子想要做理发师；有的孩子想要卖香烟……真是五花八门、奇奇怪怪。

这就是我的第一堂课，让我大跌眼镜，终生难忘。至于小朋友们是不是对我也印象深刻，我已无暇顾及，我记得当时我是抹着汗离开教室的。

后来跟园长聊天，我谈起了那次课的情形。园长笑着说，谁小时候的梦想不奇怪呢？我小时候还梦想着要当货郎呢！三毛小时候不也梦想着捡垃圾吗？并且她还真的去捡过一段时间呢！你怎么能奢望孩子的梦想像大人一样现实呢？比如梦想着将来当个白领，可白领整天坐在办公室里，除了接电话，就是写写画画，这对孩子来说多没意思呀！孩子们的天性都是活泼的，他们想做有趣的事情，虽然可能要为之付出很多艰辛，但这却让他们感到快乐。

园长的话让我忽然明白了我为什么要来这么普通的社区幼儿园工作，原来，在我的骨子里，也如同一个孩子，想要做有趣的事情，哪怕这件事情很普通、很微小，但却让我感到满足、快乐。远大的理想人人都可以有，但只有理想还远远不够，能够从小事做起，从普通的身边的事情做起，赢得一个个日常的小红花，这样的人生不是更有意义吗？这样的理想才是现实的，值得尊重的。

　　我的第一堂课，我的第一朵小红花，就这样不知不觉伴我踏入深秋，然后是冬，然后是春，然后是夏。四季轮回，我要让小红花开遍每个属于我的季节。再次踏入教室，孩子们天真无邪的笑容正在并将继续给我无尽的启发和力量。

■ 撰文/刘香玉

奋进人生 / Struggling Life

　　现实生活中，我们总是会为自己制订许多宏伟的大计划，却又总是无法完成。有时不是因为目标难度太大，而是因为我们感到成功距离自己太远。在人生的旅途中，如果我们能够具有一点细分目标的智慧，把远大的目标分解开来，从普通的小事做起，那么理想也许将不再遥远。

培养策略 / Training Strategy

　　我们都有着自己的梦想，却很少有人会把实现梦想的途径具体规划好。其实想实现梦想并不难，只要你明确目标，并把目标具体分解为一个个小目标，然后分段去实现。抓紧时间拿下每个小目标，你也就一步步走向了你的梦想。

小萌的人生计划

　　小萌想成为一名钢琴家，但是现在她连基本的弹奏都不会。为此，妈妈帮她制订了一个十年计划，规定了她在今后每一年里应做的事情和应达成的目标。你怎么看待这个计划？

■ 你的看法 /

A.计划会给人太多的束缚，不要计划也可以实现目标。

B.计划要符合实际情况，并随着实际情况的变动而作出适当调整，才能完成计划，达成目标。

C.详细的计划对实现目标很有帮助。有了计划就要执行，不能半途而废。

■ 点评 /

选A的同学：

　　做事如果没有计划，就不知道具体的路怎么走，可能会与目标渐行渐远。

选B的同学：

　　你的想法很正确，计划不能是死的，必须灵活掌握，随着实际情况而变动，才有利于目标的实现。

选C的同学：

　　你做事很有计划性和目标性，这样走出的每一步都是坚实的。

所以B和C都是合理选择。

■ 专家悄悄话 /

　　远大的目标需要长期的努力来完成，在这相当长的时间内，如果没有完整、详细的计划，走一步算一步，那将很可能陷入迷茫，很难在预期的时间内实现目标。所以，目标需要计划来支撑，需要认真执行。同时，在实行过程中，如果发现有不合理的地方，或实际情况发生了重大变动，计划都要随时调整，不能死守到底。

执着追求你的梦想

● 只要心中有梦，即使你拿着一把最普通的小刀，面前摆的是最
普通的萝卜、土豆，你也能将其雕刻出美丽和神奇。

他出生于一个普通的家庭，过着最普通的生活。在他的童年和少年的记忆里，荣誉或者财富与他们家从来没有任何关系。毫无疑问，他父母的大半生过得都实在是太平庸了，尤其是身无一技之长的父亲下岗后，索性什么活儿也不干了，只靠着那有限的一点儿失业救助金打发日子。

不仅如此，父母对他的未来也从没抱多大的希望，很少关心他的学习，似乎他的一生也注定要像父辈一样没多大出息了。甚至在他高考落榜，心情异常难过时，父亲竟能无动于衷地照旧喝着劣质的烧酒，对他的情况不闻不问，那一脸的淡漠让他有种难言的陌生。

他心存不甘地去了很多城市闯荡，遭遇到许多冷落，吃了许多苦，受了许多罪，可依然是一个前景黯淡的打工仔。

很多个夜晚，站在灯火阑珊的街头，他的心隐隐地发痛——难道我真的要像父亲那样碌碌无为地过一生吗？不，他不甘心。于是，揣着梦想，他又去拼、去闯、去奋斗了，但接二连三的失败和挫折沉重地打击了他的激情和信心，似乎一切真的应验了父亲所说的——一切命中都已注定了，再怎么努力，他也不过是个普通人，不会有多大出息。

那天，想去一家职业技术学院学一门技术的他，又被那高昂的学费挡在了门外。

失望在一点点地啃噬着他的心灵，沮丧像阴云一样笼罩在他的头顶。低垂着头走过那栋教学楼时，他忍不住朝一间教室里面瞥了一眼，只见一位白发苍苍的老师一手托着半个红心萝卜，一手旋动一把普通的小刀，转

瞬间便变出一朵美丽的红花。

　　他正看得出神，老教师的一句话仿佛石破天惊般地击中了他的心扉——"同学们，请仔细看好了，只需要这样一把普通的小刀，即使是最普通的萝卜、土豆，只要你用心去雕琢，也会雕出美丽和神奇。"

　　是啊，道理就这么简单——有些成功并非想象的那样艰难，慧心的人只需一把普通的小刀，就可以雕出令人惊讶不已的神奇。受了激励的他欣喜地买来两本关于烹饪雕刻的书，买了一把小刀和一大堆萝卜，把自己关进租住的小屋里没黑没白地练起了雕刻。手被划出几个口子，他就简单地包扎一下继续练。看着床头那一件件有点儿模样的作品，他得了宝贝似的笑了。

　　后来，那位曾让他茅塞顿开的雕刻老师感动于他的好学，去找校长说情，破例允许他去旁听雕刻课。

　　他自然非常珍惜这难得的机遇，勤学苦练，雕刻技艺进步显著。接着老师又介绍他拜访了多位烹饪雕刻大师，他从他们那里又得到了很多指点和帮助。

三年后，在全国烹饪大赛中，他一举夺得了雕刻项目的金牌，并被上海市的一家大酒店聘为首席雕刻师，月薪一万元。他的名字叫邓海岳，来自黑龙江省的一个边陲小镇——密山。

在一次电视访谈节目中，邓海岳向观众自豪地展示着自己布满伤疤的手。他举着一把普通无奇的小刀，满怀真诚地微笑道："我也曾一度感到非常自卑，没有奢望过能够有今天这样的成功。但现实告诉我——其实，谁都可以拥有一份独特的优秀，就像我这样，谁都可以握住这样一把神奇的小刀，握住梦想、激情与执着，谁都可以把自己的生命雕刻得绚丽如花。"

邓海岳说得没错。许多时候，成功并不需要拥有一定的背景和充足的资本，只需燃烧起心头的梦想，只需握住手中追求不止的刻刀，自信而执着地雕琢下去，就可能雕出一片美丽，雕出一片神奇，雕出精彩无比的人生……

■ 撰文/崔修建

🟠 奋进人生 / Struggling Life

许多人一生贫穷，不是因为没有雄厚的资本或优越的环境，而是因为他们心里缺少梦想，缺少奋斗的目标。他们给自己找了太多的借口，所以只能缩在被人看不到的角落，潦倒一生。实际上，没有什么是上天注定的，只要你有梦想，肯为了梦想孜孜以求，永不放弃，你就能获得人生的成功。

🔵 培养策略 / Training Strategy

人生要有梦想才能开出美丽的花朵。父母对于孩子的梦想，哪怕目前是遥不可及的，也要给予肯定和鼓励，不要打击他，更不要嘲笑他永远不能做到。比如，孩子说将来想成为一个飞行员，那父母应该买一些相关的书籍，让孩子更深入地了解飞行员应具备哪些素质以及飞行员的真实生活。如果孩子能够坚持自己的梦想，那父母就要尽量创造条件，助孩子一臂之力。

为了梦想而坚持

■ 奥古斯特·罗丹 | Auguste Rodin
现代雕塑的开拓者

法国雕塑家罗丹小时候喜欢画画，长大后进入美术工艺学校学习，从此爱上了雕塑。经过三年的努力，他决定报考巴黎美术学院，但连考三年都落选了。第三年，一个老师给他的评语是："该生毫无才能，继续报考，纯属浪费。"面对这样的打击，罗丹没有放弃梦想，而是走上了独自创作的艺术之路。他毕生追求雕塑，终成雕塑大师。

■ 巴赫 | Johann Sebastian Bach
古典音乐大师

德国音乐家巴赫从小喜欢音乐，父母去世后，他跟着哥哥学习音乐演奏。他想学习高难度的曲子，因哥哥不同意，他就在晚上偷偷起来找乐谱抄录。他不敢点灯，就借着月光抄写，一本乐谱花了半年才抄完。后来，巴赫进入一个管弦乐队，在那里学会了各种名曲的演奏，成为一个优秀的小提琴手。他一生从没停止过创作，他创作的《C小调幻想与赋格》《马太受难曲》等名曲对近代西洋音乐具有深远的影响。

■ 柴可夫斯基 | Tchaikovsky
俄罗斯音乐之父

柴可夫斯基自幼爱好音乐，六岁开始学习钢琴，但父母不相信他会成为音乐家，把他送到圣彼得堡学习法律。尽管如此，柴可夫斯基并没放弃对音乐的热爱，常常利用课余时间练习钢琴，并参加各种音乐活动。毕业后，他毅然辞去已经做了一段时间的司法工作，到音乐学院跟随著名的音乐家学习管弦乐法和作曲技巧。从此，柴可夫斯基开始了他的音乐生涯，用自己的音乐谱写了人生的精彩华章。

做一只展翅翱翔的鹰

● 你是想做一只在地上啄食的鸡，还是一只在天空翱翔的鹰呢？
你的目标决定了你的命运。

有一天，一位自然学家来到一座农场。他经过农场里的鸡舍时，惊讶地发现鸡群中竟有一只老鹰。它和鸡一样，在地上啄着食物吃。

自然学家很不解地问农场主人："为什么这只鸟中之王会落魄到与鸡群为伍的境地？"

农场主人说："去年，我去山上打猎，遇到这只刚出壳的小鹰，就把它带回来饲养了。因为没有合适的地方养它，我就一直让它和鸡生活在一起，喂它鸡饲料，把它训练成了一只鸡。所以它不会飞，它的一举一动都和鸡一样，而且它也认为自己就是一只鸡，而根本不知道自己原本是一只老鹰。"

那位自然学家说："不过，它终究还是一只老鹰，我想只要一教，它应该会飞的。"

农场主人摇了摇头说："你看它那个样子，完完全全就是一只鸡，已经彻底褪去了鹰的本性。平时，即使有老鹰飞过这里，它也从来不看一眼。我敢打赌，它会以鸡的身份度过这一生。"

自然学家还是坚持自己的观点。经过一番激烈的讨论，两个人终于同意让老鹰试着飞一下，看结果会如何。

自然学家轻轻地把老鹰放在手臂上，然后说："你是属于蓝天的，而不是大地，张开翅膀飞翔吧！"

可是那只老鹰用疑惑的眼神望着自然学家，它不知道他要自己干什么，因为它不知道自己是谁。然后，它转过头看看在地上啄食的鸡群，没有犹豫，就跳下去和它们做伴了。

农场主人笑着说："看，我说得没错吧。它空有一副鹰的外表，骨子里已经完全是一只鸡了。"

自然学家不死心，他又把老鹰带到屋顶上，掀掀它的翅膀，怂恿地说："你是一只老鹰，一只能飞的老鹰。看看那广阔的天空，看看那在远处飞行的你的同类，张开翅膀飞翔吧！"

可是老鹰收回翅膀，看看天空，仍然对自己的身份感到疑惑，对那个陌生的世界也感到非常恐惧。于是，它又跳到地上，去和鸡一起啄食了。

难道它真的把自己当成一只鸡，而完全忘了自己鹰的本性了吗？自然学家想来想去，还是不甘心失败，决定再试一次。

农场旁边就是高山，那里的上空经常有老鹰盘旋。到了第三天，自然学家起了个大早。他把老鹰带到高山上，然后把这只鸟中之王高举过头顶，再次鼓励它说："你不是鸡，是一只老鹰，蓝天才是你的世界，张开翅膀飞翔吧！"

听了自然学家的话，老鹰这次似乎略有所悟，它回头看了看山下的农场，又看了看天空，但还是没有飞。

最后，自然学家向着太阳，再次把它高举起来。迎着太阳的光芒，奇迹发生了——老鹰的身子开始颤抖起来，然后慢慢地张开了翅膀，它发出胜利的叫声，一下子冲向了天际。

故事中的老鹰就是我们的真实本性，富有无限的能力和潜力。

鸡群则代表那颗被世俗的恐惧和限制所束缚的心灵，以及旁人加诸在我们身上而我们也默认的无形限制。

我们也曾像那只老鹰一样，因为模糊的身份而蒙受痛苦。我们屈服在心灵的健忘症之下，浑浑噩噩，忘记了万物之灵的本性，忘记了自己可以展翅高飞的本领。

虽然这种情形不会改变我们原本的面貌，但却使我们的行为失去了应有的创造力和力量，像是一个不该发生在上帝子民身上的无解谜题，灵魂被压于桎梏之下。因此，在惊醒的过程中，我们的目标并不在于改变自己，而是要回归我们的本性。

你是鸡还是老鹰呢？你天生注定是要在地上啄食，还是在天空中翱翔呢？你把目标定在哪里，你的命运就在哪里。

■ 撰文/佚名

奋进人生 / Struggling Life

许多人，因平庸的生活而消磨了锐气，从而失去改变自己命运的勇气，浑浑噩噩，庸碌一生。实际上，很多人像鹰一样，具备展翅高飞的能力。与其平庸，不如让人生多点挑战，激情飞扬。如果你愿做一只老鹰在天空翱翔，那么现在就请挥动你的翅膀！只有把目标定在高处，你才能飞得更高。

培养策略 / Training Strategy

目标有多高，你就能飞多高。每个人身上都有无穷的潜力，善于挖掘它，才能创造辉煌的人生。在每天的学习和生活中，我们要摒弃安于现状的惰性，不把自己局限在后进生、中等生或优等生的位置，大胆挑战难题或高难度的任务。比如，别人认为你做不出那么难的题，或走不了那么远的路，你偏要努力去做到。时间久了，你的潜力就发挥出来了，你的天地也就变宽广了。

两个学生

两个学生跟一位舞蹈家学习跳舞。学生 A 希望自己将来成为舞蹈明星，并艰苦练习，结果她把自己的舞蹈跳到了世界，成就超过了老师；学生 B 只想每天完成老师的要求就行，结果后来她把学会的舞蹈动作都忘光了。你怎么看待她们两人？

■ 你的看法

A.学生 A 有远大的理想，应该向她学习，不做平庸的人。

B.学生 B 的选择很好。我不需要舞台艳丽的灯光，平平凡凡才是真。

■ 点评

选A的同学：

你有远大的抱负，只有不甘平庸，人生才能精彩。

选B的同学：

平凡和平庸常是一线之隔，如果你什么都不想努力，从不要求自己做到最好，那结果就是平庸。

所以 A 是最好的选择。

■ 专家悄悄话

人生需要远大的志向来激励自己不断奋进，当你达到更高的高度，才能领略更美丽的风景。如果得过且过，把自己定在一个很低的位置，即使你有更多的才华，也会完全淹没在没有志向、没有高目标的平庸之中。

未来成功人 IQ 全商培养

2 坚持昂首的姿态
——培养坚韧不拔的意志力

　　人生通常不是一帆风顺的，总会遇到这样那样的困难，甚至是不幸。面对挫折和不幸，唯有坚定地抬起头，以坚强的意志力去直面应战，才能渡过一个个难关。

　　本章的精彩故事和游戏将告诉你什么是坚韧以及坚韧的重要性，帮你自主自发地提高意志力。不要以为自己做不到，只要你坚持昂首的姿态，什么困难都会被你打败！

等待失明的比尔

● 他在一次事故中失去了右眼，左眼的视力也在逐渐下降。在等
待失明的日子里，是什么解救了他那颓废的心灵？

比尔是一个阳光乐观的人，他有一份自己喜欢的工作——在一家汽车公司做职员，还有一个幸福的家庭——有一个爱他的妻子和一个可爱的儿子。可以说，他对自己的生活非常满意。

如果不是那次意外的降临，所有人都会认为比尔要这么幸福地生活下去。但一切都被那次严重的机器故障改变了，比尔的右眼在这次意外中被不慎击伤。医生们及时地对他实施了抢救，但由于伤得太过严重，比尔的右眼球最终还是被摘除了。

从医院回家后，比尔就像变了一个人。他不再喜欢微笑，也不愿与人交流，总是把自己关在家里，因为他害怕别人用诧异的眼神看他的眼睛。

比尔向公司请了长假，他不想看到同事们用怜悯的眼光看他。妻子苔丝理解丈夫心中的苦楚，她一边悉心地照顾着丈夫，一边负担起了家庭的重担。为了使丈夫和儿子生活得轻松一些，她在晚上还做起了兼职。苔丝很爱比尔，也很在乎这个家，她努力地想让全家的生活与从前一样。

但比尔的情况并没有因为她美好的希望而好起来，反而变得更糟糕了。由于受到右眼的影响，比尔的左眼视力也开始慢慢变差。在一个晴朗的早晨，比尔坐在窗前，问苔丝是谁在他们的院子里踢球。苔丝感到一种巨大的痛苦涌上心头，因为在院子里踢球的正是他们的儿子。在从前，即使儿子跑到更远的地方去踢球，比尔也能看得一清二楚。

苔丝走近丈夫，轻轻地抱住了他的头，她不知道现在还能说些什么。

"亲爱的，我已经意识到了即将会发生什么。"比尔平静地说。

苔丝的眼泪再也忍不住了，扑簌簌地掉了下来。

其实，在比尔的左眼视力开始下降之前，苔丝已经去问了医生，并得知了这种后果。但她怕比尔无法承受这种打击，便请医生暂时不要告诉比尔。只是，比尔的视力下降竟比她想象的快得多。

不过，连苔丝也感到奇怪的是，比尔在知道自己即将失明之后，竟然平静了许多。苔丝想到丈夫能看到这个美丽世界的时间已经不多了，她想在这段时间里给丈夫留下一些印象。她总是花心思把自己和儿子打扮得漂漂亮亮的，还经常去做做美容，让丈夫能记住自己美丽的一面。在比尔面前，她总是尽力控制悲伤，把最美的微笑留给丈夫。

又过了几个月。一天，比尔突然对苔丝说："亲爱的，你的套裙已经旧了，是不是该换件新的了呢！"

苔丝说："哦，是吗？大概是上次不小心洗褪色了。"

趁比尔不注意，苔丝转过身奔到一个丈夫看不到的角落，低泣了起来。实际上，她这套新裙装的颜色还是那么绚丽夺目。看着丈夫消极地等待失明，苔丝心里的痛苦比任何人都要深切。

第二天，苔丝请来了一个油漆匠，她想在比尔失明之前，把家里的家具和墙壁都粉刷一遍，好让比尔心中永远都有一个新家。她知道自己无法阻止丈夫失明，但她希望在比尔能看见的时间里，尽量多地为他做一些事，让他开心、快乐。

这是一个快乐的油漆工匠，他总是一边

吹着口哨一边干活，而且工作非常认真。在休息的时候，他还会陪比尔的儿子踢踢足球，或者与比尔聊聊天。一个星期后，油漆匠把比尔家所有的家具和墙壁都刷好了。在工作的这段时间里，他和比尔一家成了朋友，也知道了比尔的情况。

全部完工后，油漆匠对比尔说："我工作得比较慢，如果耽误了什么，希望能得到你们的原谅。"

"哦，没有，你每天那么开心，让我也感受到了快乐。我还希望你还可以多干几天呢！"比尔说道。

在结算工钱的时候，油漆匠少收了一美元。

苔丝和比尔经过核对，想把这一美元还给油漆匠。油漆匠却说："我拿得已经足够多了，看到一个等待失明的人能如此平静，我从中感悟到了什么叫勇气。"

比尔坚持要让油漆匠收下那一美元，他说："是你让我懂得了原来残疾人也可以自食其力，并拥有快乐的生活。现在我的心情好得不得了，我再也不会害怕失明了。"

原来，油漆匠只有一只手。

■ 编译/甘盛楠

奋进人生 / Struggling Life

面对已发生的不幸或不可避免的困难，消极颓废解决不了任何问题，积极勇敢地面对现实，反而更容易走出困境。事实上，只要我们还活着，就还可以发光发热，哪怕只有一只手，也能描绘出绚烂的生命画卷。

培养策略 / Training Strategy

不幸已经发生了，痛苦沮丧都无济于事，不如改变态度，换一种方式来生活。要培养这种面对挫折和不幸的勇气，我们可以学会转移视线和目标。比如当你经过数倍努力，你的学习成绩仍不理想，不要因此认为你的人生会一败涂地，想想自己是否在音乐、美术、绘画等方面另有天赋。如果有，就在那个方面下工夫。只要你用心，总有一个领域适合你去施展才能。

坐在轮椅上的小龙

　　小龙原来是个运动员，但一次车祸让他双腿严重受伤，能不能站起来是个未知数。看到自己成为这个样子，小龙心里非常难过。但生活还要继续，他应该怎样面对以后的人生呢？

■ 小龙的做法

A.不管以后自己的腿还能不能好，都要用微笑面对人生。

B.切实了解自己腿的情况，看看还有没有站起来的可能。只要有一线希望，也要努力去争取。

C._____。

■ 点评

选A的同学：

　　你能以乐观积极的心态面对挫折，很值得赞扬。

选B的同学：

　　你没有放弃自己，相信即使最终不能站起来，你也会用你的勇气和毅力让自己的人生活得精彩。

所以 A 和 B 都是合理选择。如果你还有其他好的建议，请写在C项的横线上。

■ 专家悄悄话

　　生活不相信眼泪，坚强是战胜挫折和不幸的唯一法宝。你只有勇敢地站起来，才能把那些挫折和不幸抛到身后。多给自己一些勇气吧，相信你自己，你不是弱者！

两扇磨盘也能磨亮人生

● 磨盘给予磨坊主的，也许只有终身贫寒的叹息。但磨盘所赋予他的，却是生命的成就与荣耀。

尤利乌斯·马吉出生在苏黎世郊区的一个贫困的农家，他童年和少年最深的记忆便是清贫，无法形容的清贫，让一家人似乎永远都看不到希望的清贫。

异常窘迫的家境，让马吉没有读完初中，便开始了艰难的打工生涯。

然而，多年过去了，他唯一的特长依然只是像父亲那样磨面粉。父亲曾悲哀地对他说："你这辈子就是磨面粉的命了。"

马吉心有不甘地回答父亲："不，我不会一辈子迈着沉重的步子，一圈圈地推着两扇磨。"

父亲粗重而无奈地叹息："那你还想怎样？多少人都这样对付着过日子，难道你还能从这两扇石磨上磨出什么希望来？"

"别人是别人，我就是要磨出一份我想要的生活。"马吉的眼里闪烁着热切期待的光芒。

他绞尽脑汁地想了许多改变生活状况的门路，结果却遭遇了一次又一次的失败。

父亲撒手而去时，留给他唯一的遗产便是那两扇简陋的磨盘。

望着那转了无数圈的磨道，望着那两扇默默无言的磨盘，不服输的马吉又在思索着走出窘境的途径。

苦心人，天不负。二十岁那年的一天，马吉偶然从朋友舒勒医生那里得知——干蔬菜不会损失营养成分。他想：若将干蔬菜和豆类放在一起磨，一定会磨出富有营养的汤料。那样，岂不可以让家庭主妇们熬汤更快捷、方便一些？

说干就干，他立刻借钱购置了干燥机和搅拌机等设备，开始磨自己想象的那种汤料。

就这样，一个灵感加上果断的行动，马吉很快便赢得了人们难以想象的成功——在很短的时间内，他便磨出了最早的速溶汤料。产品一投放市场，便大受顾客的欢迎。因为用他的汤料，只需5分钟，就可以做出一锅营养丰富的香汤。

备受鼓舞的马吉再接再厉，到1886年，他陆续开发出数十种袋装速溶汤料，产品迅速畅销欧洲。

然而，马吉仍不满足，他的眼睛继续紧紧盯着那两扇磨盘，思索着接下来该磨出什么样的新产品。经过反反复复地试验，在1890年，他终于磨出了可以改变寿司、凉菜、鱼肉、汤和配菜味道的万能调味粉。后来，他又研发出了非常畅销的浓缩肉食品。到1901年，他已是拥有资产超过亿元的大型跨国公司的老板。

在苏黎世大学举办的一次演讲中，马吉不无自豪地告诉人们："即使命运只留给我两扇简单的磨盘，我也懂得用信心、智慧和执着，磨出亮丽的人生。"

没错，只要不肯向所谓的命运低头，不甘在原来的生活里转圈子，开动脑筋，努力打拼，即使是再平凡的人，也终会像马吉一样磨出精彩的人生。

■ 撰文/崔修建

奋进人生 / Struggling Life

不用抱怨命运赋予你的太少，命运给谁的都不会太多，哪怕有时候仅仅是两扇磨盘。关键是，你是否会利用命运给你的这两扇磨盘。成功的人总是善于抓住自己拥有的资源，充分发挥它们的作用并走向成功。只要拿出勇气、激情和信心，终有一天，你也会走上成功之路。

培养策略 / Training Strategy

成功的人不是因为拥有的多，而是善于利用自己拥有的东西去打造成功。家长可以带孩子多了解社会生活，让他明白很多人生活条件虽然不好，但他们依然在努力地生活，从而培养孩子积极的生活态度和信心。其次，同学们要重视自己拥有的东西，比如父母的关爱、较为优越的生活条件和良好的学习环境，只有珍惜这些拥有，好好学习，才能为将来的成功打下良好的基础。

面试失败的陈军

因为父母失业，陈军不得不在寒暑假打一些零工来赚取学费。一次，他到一家公司应聘打字员，面试遭遇了失败。为此，陈军的心里产生一些想法，你最赞成哪一种？

■ 陈军的想法 /

A.也许是我能力不够，我要找机会勤加练习，相信能找到一份相同的工作。

B.都怪我家境不好，如果我能有台电脑练习打字，今天就不会被拒绝了。

C.我还可以干别的，只要能帮父母减轻负担，经历再多的失败我都不怕。

■ 点评 /

选A的同学：

你能看到自己的不足，懂得加强练习以提高自己的能力，很值得肯定。

选B的同学：

世间没有"如果"，只有正视现实，少一些抱怨，你才能走出困境。

选C的同学：

你有良好的生活态度，能转移目标，不让失败的情绪影响自己，相信早晚你会把失败踩在脚下。

所以A和C都是合理选择。

■ 专家悄悄话 /

人生总会遭遇一些拒绝和失败，在遇到挫折的时候，不要先想到抱怨，要从自身的角度看问题，看看自己的能力是否有欠缺。只要你勇敢地面对，不断尝试，你就能走得更远。

没有翅膀也可以自由飞翔

● 生活并不会永远都为我们提供一双美丽的翅膀，但我们却可以
用永不跌落的梦想自由飞翔。

1983 年的一天，在美国亚利桑那州图森市的一家医院，一个女婴呱呱坠地。令她的父母惊愕无比的是，女婴居然一出生就没有双臂，连见多识广的医生也无法解释这个奇怪的现象。

在父母的疼爱下，女孩一天天地长大了。那天，站在阳台上的女孩，看到一群与自己同龄的孩子正张开天使般的双手，在阳光下欢快地追逐翩翩起舞的蝴蝶。她十分伤感地向母亲哭诉命运的不公，竟然不肯馈赠她拥抱世界的双臂。

母亲平静地安慰她："孩子，上帝的确有些偏心，但上帝是要送给你更多的梦想，要让你用行动去告诉人们——即使没有翅膀，也依然可以高高地飞翔，就像没有修长的十指，你同样可以弹出美妙的琴声，可以写出漂亮的文章……"

"我真的能做到这些吗？"女孩仰起头问道。

"只要你肯努力，就能做得到，只要你的梦想没有折断翅膀，你就一定能飞得很高很高。"母亲温柔的目光里充满了不容置疑的坚定。

女孩相信了母亲的话，目光一遍遍地抚摸着自己的双脚，心中暗暗地告诉自己：我有一双非凡的脚，它们不只是用来奔走的，还是用来飞翔的。

此后，在父母的指导、帮助下，女孩开始有计划地锻炼自己双脚的柔韧性、灵活度和力量。怀揣梦想的她，克服了许许多多人们难以想象的困难，经历了无法数清的失败。终于，在人们的惊讶声中，女孩练出了一双异常灵活的脚——她不仅可以用双脚吃饭、穿衣，轻松地实现了生活自理，还学会了用脚弹琴、写字、操作电脑……她几乎用双脚做到了常人所能做到的一切。

女孩开始在人们面前自豪地展示自己非同寻常的"脚功"，起初遇到的那些异样的眼光里，渐渐地充满了惊讶和钦佩。在她十四岁那年，女孩彻底地扔掉了那副装饰性的假肢，一脸阳光地穿着无袖的上衣，走进校园、商场、街区……仿佛除了常人那样的一双臂膀，她根本就不缺少什么。

为了增强腿部肌肉的力量，保持腿部的灵活性与柔韧性，女孩不仅坚持跑步，还成为碧波荡漾的泳池里一条自由穿梭的美人鱼，同时，她还是一家跆拳道馆里小有名气的高手……一位医生曾指着给她拍的 X 光片，惊奇地喟叹：经过锻炼，她的双脚已变得异常敏捷，她的脚趾关节已能像手指关节那样灵活自如。

女孩的梦想还在不停地放飞。她又走进了汽车驾驶学校，在教练员惊讶的目光中，她很快便掌握了驾车的各项技术，通过了近乎苛刻的各项考试，顺利地拿到了驾照，开始用双脚娴熟地驾车御风而行……

接下来，女孩要去实现自己心中埋藏已久的梦想了——她要亲自驾驶飞机，拥抱苍穹。

曾经培养出许多飞行员的著名教练帕里什·特拉威克第一次看到用脚亲自驾车来报名的女孩，就知道她一定会飞上蓝天的，就像一只矫健的雄鹰那样。这不仅仅因为她那娴熟的驾车技术，还因为她目光中流露出的从容、淡定与果决。

果然，女孩在学习飞机驾驶的时候，丝毫不逊色于那些身体健全的飞行员，她一只脚操纵着控制板，另一只脚操纵着驾驶杆，滑行、拉起、升空……她冷静、沉着，每一个动作都十分准确、到位，比不少学员表现得都出色。教练帕里什·特拉威克说："事实证明，她是一个优秀的飞行员，她驾驶飞机时非常冷静沉稳。一旦你和她在一起待上二十分钟，你甚至就会忘掉她没有双臂的事实。她向人们显示，她可以克服所有的限制，这真是太令人难以置信了！"

女孩二十五岁时如愿地拿到了轻型运动飞机的私人驾照，成为美国历史上第一个只用双脚驾驶飞机的合法飞行员，开创了飞行史的先例。女孩的名字叫做杰西卡·考克斯。

在美国数百场的演讲中，杰西卡·考克斯说得最多的一句话是："你的梦想有多高，你就可能飞多高。"

没错，即使你生来就没有翅膀，但你依然可以自由地飞翔，因为你心中永不跌落的梦想，会为你生出自由翱翔的双翅，会给你传递无穷的力量，会帮助你创造无法想象的奇迹。

■ 撰文/崔修建

奋进人生 / Struggling Life

我们都曾有梦想，也曾为梦想编织过美丽的梦境，然而挫折、困难总是让梦想在失败中变得支离破碎。如果我们有勇气让信念经历失败的磨砺，不向苦难低头，持之以恒地付出努力，那么我们的梦想也能展翅翱翔。

培养策略 / Training Strategy

坚强的意志是永远不倒的旗帜，拥有它你迟早会成功。培养这种意志，先要有强烈的渴望成功、实现梦想的意愿，就像杰西卡·考克斯一样。我们在做一件难度较大的事情时，可以在心里不断地告诉自己："我一定能完成，我一定要成功！"不断加强这种意识，你就会主动想办法去克服各种困难，坚强的意志也就从中而生。

战争的炮火让他们越挫越勇

■ 纳尔逊　Nelson
英国海战中的勇者

英国海军名将纳尔逊自幼性格刚强。十二岁时，他在舅父的战舰上当了见习生，后来成为一名海军。1794年，纳尔逊在一次对法作战的海战中，不幸被弹片打瞎了右眼。事后，他没有气馁，反而更加坚定自己的生命应该在海上，在战斗中。之后与法军的数次海战，纳尔逊都表现英勇，他以果断冲击敌舰的战术，为英国舰队赢得了最终胜利。

■ 库图佐夫　Kutuzov
卓越的俄国军事家

库图佐夫出生于俄国贵族家庭，十三岁就到炮兵工程学校学习。报效祖国是他的毕生志向，毕业后不久他就到部队作战。1768年，在与土耳其的战争中，库图佐夫身受重伤，右眼失明，但这没有影响他报国的热忱。在之后的战争中，他数次立下显赫战功，成为人人称颂的独目将军。1812年，拿破仑大军攻打俄国，库图佐夫又以机动灵活的战略战术，最终打退法军，保卫了祖国。

■ 朱可夫　Zhukov
才华卓绝的苏联元帅

朱可夫自幼家境贫困，艰苦的环境培养了他好学的品性和坚强的斗志。俄国二月革命之后，朱可夫参加了红军。在一次激战中，他的左腿和左肋被炸伤。但出院后，他又马上投入战斗。第二次世界大战期间，列宁格勒被德军包围，朱可夫作为苏军总司令，果断地制订了守城计划，有效阻止了德军的进攻，并率领苏军将德军赶出了苏联。之后，他挥师柏林，为二战的最终胜利做出了不可磨灭的贡献。

贫穷不是平庸的借口

● 我们无法选择出身，却可以打造一颗乐观向上的心；把贫穷与
困苦作为动力，谁都可以拥有绚烂的人生。

遇 见她是在一次笔会上，她穿了件白底蓝花旗袍，婉约如一首宋词，举手投足间透着清雅之气。随后的两天，我发现吃自助餐时，很多人盘里堆很多，结果又吃不完，而她从不浪费一米一菜，还似乎很喜欢吃苦瓜。

面对众多美味佳肴，她为什么独恋苦滋味？同在一张桌上就餐的我，跟她渐渐熟络起来，趁着聊兴正浓，我抛出了心底的疑惑。她盈盈一笑，讲起一段往事。

她出身于贫寒的农家，为了供她上学，父母节衣缩食。可是，自从到了一所重点高中，她心里便多了些说不出的失落。别的同学吃的穿的样样好，只有她衣着陈旧，甚至为了省钱，每顿都买最便宜的菜。

同学们议论的时尚话题，她一句也插不上嘴，那些对她来说太遥远。她成绩平平，很少有人注意到她。她觉得像流落到一座孤岛上，四周是漫无边际的寂寞，渐渐消磨去她的信心。

到了高二这年，她以为日子仍会流水般静静淌过。有一天，新来的语文老师说，有位同学的作文，写得实在是好。他大声诵读，没想到是她的文章。第一次得到这样的夸奖，她低着头，笑意一点点漾开。

这以后，老师经常会在课堂上读她的作文。他还跟别的班的老师说，我们班有位女生文章写得飘逸，有灵气，能写出那些词句的学生，很不简单呢。

老师不知道的是，每到周末，同学们都出去玩了，她独自到校阅览室看书。在孤单的日子里，读书成了她唯一的快乐。她沉醉在自己的世界

里，莲一般的心事，洇开在纸页上。

不久，老师发现每到单元测验，她的成绩并不理想。她清瘦的脸庞，漫不经心的眼神，让老师心里五味杂陈，觉得应该跟她谈一谈。

她来到老师宿舍，神情拘谨，双手紧张得不知该放哪里好。老师笑吟吟地说，我炒了几个菜，咱们一起吃顿饭。菜很快端上了桌，豉汁拌苦瓜、苦瓜炒鸡蛋……

老师热情地招呼她：吃菜吃菜！她伸出筷子，夹起菜，闻起来香香的，吃起来微苦。老师说你吃得惯吗，她说，这在乡下是家常菜，可清热解暑呢。

老师意味深长地说，苦瓜虽苦，却是一道好菜。生活原本也如此，要学会苦中作乐，以苦为乐，苦是人生的良药。她怔住了，低头思索着。老师接着说，你冰雪聪明，老师相信你会很出色……老师的话，句句敲在她心上，她的脸红了。

从那以后，她把心思用到学习上，成绩有了很大提高。那年高考，她顺利地考上了一所外地的大学。跟随通知书一起到的，还有一封信和汇款单。信是老师写的，他说，祝贺你考上大学并获得了助学金。

她走进了大学的校门，书本如张着白帆的船，带她遨游知识的海洋。大学毕业后，她在城里找了份工作，并利用业余时间写作，成了小有名气的作家。再后来她结婚成家，日子过得有声有色。

时隔二十余年，在一次同学会上，她又见到了老师，说出了藏在心里的话：谢谢老师对我的鼓励，此外，我还要感谢母校，给我发放了助学金。

老师脸上浮起温和的笑容，有同学忍不住说：哪有什么助学金，老师把自己积攒的钱拿了出来，同学们知道后，也都或多或少地捐了些。

望着一张张亲切的面孔，她心里溢满了感动，朝着大家弯下了腰，深深地鞠了一躬。片刻后，周围响起了如雷般的掌声。

我们无法选择出身，但绝不要因为贫穷而甘于平庸，失去乐观向上的心。当你把贫穷当作一种砥砺，它便不再是心灵的包袱，还会化作坚强的动力，引领你更好地追求尊严和幸福，拥有绚丽多彩的人生。

■ 撰文/顾晓蕊

奋进人生 / Struggling Life

生活中的很多事都是不容我们选择的，无论你是悲天悯人，还是牢骚满腹，它都不会有丝毫改变。所以我们不如选择相信自己，拿出十二分的勇气和毅力，全身心地投入，相信即使再大的困难也将被我们踩在脚下。

培养策略 / Training Strategy

坚定的信心与顽强的毅力，让女孩拥有了精彩的人生。在生活中，不管做什么事，我们首先要建立信心，不断给自己打气，相信自己能行，这样才能对困难不畏惧，不退缩。而培养毅力，可以从日常生活中做起。你可以选一件事每天坚持去做，比如早起，即使休息日也不赖床，时间久了，你的毅力就增强了。

面对考试

孙皓要参加半年后的英语等级考试，他的英语成绩不是太好，要想成功过关，并不容易。面对一摞厚厚的工具书和英语测试题，他产生了一些想法，你赞成哪一种？

■ 孙皓的想法 /

A.我一定要努力，抓紧一切时间学习英语，争取一次考过。

B.我会尽力的，但也不能太强求了。如果考不过，那就等下次再考吧。

C.这次要考过简直太难了，我肯定不能成功。

■ 点评 /

选A的同学：

你有挑战自己的勇气，相信只要你尽了全力，就能取得好的结果。

选B的同学：

你能尽力也不错，但如果一开始就不严格要求自己，那肯定不能尽全力，可能会错失成功的机会。

选C的同学：

不要把困难想得那么可怕，尽最大努力去做，成功就不会离你太远。

所以A是最好的选择。

■ 专家悄悄话 /

实际上，不管多么大的困难，只要你肯努力，肯想尽一切办法去克服它，它就能被克服。所以，不要畏惧，多给自己一些勇气，你会看到成功的希望。

他失明，却不失败

什么是最糟糕的伤残，失明还是失聪？缺手还是少腿？
抑或其他？

佩奇·皮特是马塞尔大学传播学系的顶级教授。优秀教授的美誉和那些令人羡慕的奖项虽然都显示了他的了不起，但他真正让人佩服的，却是在几乎完全失明的情况下取得了如此多的成就。

在皮特五岁那年，他便失去了97%的视力。虽然世界在他眼中几乎已没有光明，可他却拒绝像普通盲童那样进入残疾人学校，而是努力争取到了公立学校的入学机会。

他像普通男孩一样踢美式足球，并担任二线拦截。

他考上了大学和研究院，在学校里，他经常请同学读书给他听。

他成为了大学教授，多年来，一直领导着学校的传播学系。

在一次课上，有名学生突然向皮特教授发问道："什么样的伤残是最糟糕的？是失明还是失聪？是缺手还是缺腿？抑或是其他的残疾？"教室里的空气仿佛在一瞬间凝固了。

皮特勃然大怒。他严肃地对那个学生说道："这些都不算糟糕。死气沉沉、缺乏责任、对未来没有向往和渴求，这才是最糟糕的伤残。在这堂课上，即使你什么也没有学到，但只要你能懂得一些与生命紧密相连的东西，那这一课也算是最有意义的了！"

在学生中，皮特有着绝对的权威。他经常向学生怒吼："这里教会你的不是平庸地享受生活，而是卓越地创造生命！"

皮特还曾这样告诫过学生："如果我让你到外面的世界去历练，你却因腿受伤而无法出发，那么，请在救护车到达之前通知我，我便会原谅你。但是，你不需要准备一堆理由，这会让我受伤，解释无疑是在我的伤口上撒盐。"

皮特的话是对的。人生最大的敌人——给我们最大打击的，往往不是失明或失聪等伤残，而是死气沉沉、缺乏责任、对未来没有向往和渴求。

也许你也是像皮特一样从小失明的伤残人士，也许你还在为自己的残疾而自暴自弃，失败时总会迅速地原谅自己，为自己找好各种理由，安慰自己是身体的残疾导致了这次的失败，说命运才是自己不幸的始作俑者……除非你能发现人生真正的敌人原来是自己，否则你的生命永远暗淡无光。

■ 撰文/萨拉　■ 编译/刘国华

奋进人生 / Struggling Life

有些人失明了，却不失败；有些人身体健全，却总是失败。人生最大的敌人是我们自己。遇到困难时，勇敢地面对现实，就没有什么障碍可以阻挡我们前进的步伐。要知道，每一个人的内心都潜藏着巨大的能量，把这种能量发掘出来，让它发光、发热，闪耀生命的光辉，才是人生的意义所在。

培养策略 / Training Strategy

身体的伤残并不可怕，可怕的是心理残疾——缺少生活的勇气和奋斗的精神。生命需要激情，需要坚持不懈地奋斗。要培养斗志，首先要放弃自满自得、安于现状的情绪，看到自己的不足，并不断地弥补不足之处。另外，多向优秀的人看齐，加强紧迫感，想想如果你放弃努力、停步不前的话，就会落后于人，这样就有了前进的动力。

打网球

　　艾莉酷爱网球，渴望成为网球队员。但在一次事故中，她右手受伤成了残疾。伤好后，她没有放弃网球，而是坚持用左手练习，最后成为一名出色的网球手。如果是你，你会怎么做呢？

■ 你的做法 /

A.我会选择做其他的事情，尽量不让人看出我右手有残疾。

B.我还会打网球，但只限于在家人和朋友面前玩。

C.我会像艾莉一样，坚持自己的爱好和梦想，永不放弃。

■ 点评 /

选A的同学：

　　你害怕让人看到自己的缺陷，说明你还有心理障碍。其实，只要你以自己的方式坚强生活，别人给你的只会是尊重和敬佩。

选B的同学：

　　你可以再多给自己一些勇气，大胆地亮出你的自信。

选C的同学：

　　你的毅力和勇气都值得敬佩，只有这样，人生才会更精彩。

所以C是最好的选择。

■ 专家悄悄话 /

　　不管你的身体出现什么样的异常状况，你都依然有追求梦想的权利。不要轻易放弃这个权利，勇敢一点，坚强一点，你就能突破极限，跨越一切障碍，走到梦想的彼岸。

想当主持人的环卫工人

● 每个人都有自己的梦想，当渴望已久的机会来临时，你做好抓
住它的准备了吗？

莱斯·布朗出生在美国迈阿密一个十分贫困的家庭，在他出生后不久，他便被一个叫梅米·布朗的帮厨女工收养了。

幼时的莱斯是个非常活泼的孩子，他总是喜欢叽叽喳喳说个不停。长大后，莱斯成了一名环卫工人，但成为一名电台音乐节目主持人却始终是他的梦想。

每到夜晚，莱斯总是会把他的收音机抱到床上，听他最喜欢的电台音乐节目。电台里的主持人谈论摇滚乐，他也在自己假想的电台里练习着用行话向他的影子听众介绍唱片。虽然他的电台里只有一只用梳子做成的麦克风。

一天，莱斯在市区割草时，偶然发现了一家电台的招聘信息，他利用午休时间来到了那家电台。走进经理办公室，莱斯郑重其事地告诉经理他想成为一名音乐节目的主持人。看着眼前这个头戴草帽、衣衫破旧的年轻人，经理惊讶地问道："你有做广播主持人的经验吗？"

"我没有，先生。"莱斯如实地回答。

"抱歉，孩子，恐怕你并不适合这个职位。"

莱斯有礼貌地告别了经理，离开了电台。经理原本以为这个年轻人不会再出现了，但他显然没有想到，莱斯·布朗对成为电台主持人有多么的渴望。

莱斯对成为电台音乐节目主持人这一理想的执着，源于他另一个难以实现的目标——为辛劳了一辈子的养母买一栋好的房子。因为只有成为电台著名的主持人，他离这一目标才能更近一步。

因为对养母深厚的爱，莱斯有了追寻自己梦想的勇气，他相信只要自己能坚持下去，就一定可以在这家电台找到一份工作，哪怕是从其他的职位做起。

接下来的一个星期，莱斯每天都会去那家电台询问是否有空缺的职位。最后，他终于在电台里找到一份跑腿打杂却没有薪水的工作。

开始的时候，莱斯只是负责为那些不能离开播音室的主持人们买买饮料或者食物。渐渐地，他的热情为他赢得了音乐节目主持人的信任，他们有时会让莱斯开着车去接一些受邀来电台做访问的明星，像诱惑合唱团、黛安娜·罗斯，还有至高无上的乐队等都曾搭乘过莱斯的车。

在电台，莱斯总是最任劳任怨的一个。主持人们都很喜欢他，所以他也获得了更多待在控制室里的机会。在那里，他努力学习着主持人的手在控制面板上的动作，以便他回到家后可以认真地反复练习。莱斯就是这样投入地为梦想准备着，他相信属于自己的机遇终会到来。

一个周六的下午，机会来了！播音室里，一位叫罗克的主持人一边播音，一边喝酒。而此时，整个电台就只剩下莱斯和他两个人了。莱斯想，像罗克这么喝下去，一定会出事的。果然，不一会儿，经理就打来了电话。他听出罗克酒喝得太多了，无法继续主持节目，便让莱斯打电话找个主持人来代替罗克。

莱斯意识到，他等待多时的机遇终于来了。他没有给别的主持人打电话，而是将自己即将开始播音的消息通过电话告诉了妈妈和女朋友。

十五分钟后，他征得经理的同意，进入了演播室。他做好准备，轻轻地打开了麦克风开关，接着，一阵从容悦耳的声音倾泻而出："大家好！我是人称唱片播放大叔的莱斯·布朗，你可以认为我是前无古人，后无来者的，因为我就是这样的举世无双、难以复制。我喜欢与大家一起交流音乐、品味生活。我的专业能力也是不容置疑的，绝对真实可靠，相信在这档节目里你一定可以享受到更加丰富多彩的音乐。注意了，宝贝们，我就是你们最喜爱的人！"

因为曾有过无数次无人观赏的彩排，莱斯的表现才可以如此的流畅自然，他最终赢得了听众和电台经理的心！

因为有了这次改变一生的机遇，莱斯的职业生涯开始在广播、政治、演讲和电视等方面大放异彩。

■ 撰文/杰克·坎菲尔德　■ 编译/孙晓华

奋 进人生 / Struggling Life

莱斯的成功是理所当然的，因为他坚信机会一定会降临，并为此付出了足够多的努力。他的坚持，他的用心，为他抓住机会、创造成功铺平了道路。每个人都渴望成功，都渴望多一些成功的机遇，但不是每个人都能在机会来临的时候伸手抓住。所以，不要再抱怨什么，多为你的理想和目标坚持不懈地努力奋斗吧，只有你的能力足够强大，你才能获得成功。

培 养策略 / Training Strategy

机会都是留给有准备的人。我们要想实现梦想，必须先储备力量，通过各种练习不断提升自己的能力，才能在适当的时候抓住机会。能力储备是一个由小到大、由少到多的积累过程，我们要从点滴做起，不怕苦不怕累。比如你要成为一个游泳健将，就要坚持下水练习，掌握游泳的基本要领，学习快速游泳的技巧，还要看别人是怎样游的，只要是跟游泳有关的技术和比赛，你都要逐步了解，这样你才有可能成功。

种花生

农夫有三个孩子，他给每人一些花生种子，让他们去种花生，看谁明年收获的花生多，就把农场交给谁。之后，三个孩子各自为种花生做出了一些行动。看一看，谁的做法最可取呢？

■ 孩子们的做法 /

A.老大把花生种进地里，就不管不问，结果花生苗都枯死了。

B.老二播完种子，按程序浇水、施肥，最后收获了半篮子花生。

C.老三详细查了花生的栽培技术，选择最适合花生生长的沙壤播下种子。之后他精心照管，不厌其烦，最后收获了满满一篮子花生。

■ 点评 /

选A的同学：

你做事有头无尾，不愿意继续付出努力，那结果也只能两手空空。

选B的同学：

最好的成果都是用最辛勤的劳动换来的。再用心一点，你会收获更多。

选C的同学：

你很用心，既懂得做知识储备，又不怕劳累，最大的成就属于你。

所以C是最好的选择。

■ 专家悄悄话 /

庄稼都是从小苗慢慢长大的，在这个过程中，你需要不断地付出辛勤的劳动去照管它，它才能茁壮成长，结出果实。理想的实现也是如此，只有一点点积累，不断地学习，不断为实现理想而努力，理想才能开花。

小小的愿望也精彩

● 孜孜以求，持之以恒，那么即使是小小的愿望，也能远航
  千里。

个女孩，1990年10月14日出生于云南保山市，外号"狗狗"。从小父母离异，她跟着爸爸长大。她的童年没有爸爸妈妈、同龄人陪同学习、游玩的场景。但她从小就很爱唱歌，喜爱唱歌的妈妈，在她很小的时候就教她唱《小芳》。

小学六年级的暑假，她就跟着舅舅学吉他。她学得很快，别人入门至少要半个月，可她几天就学会了。后来她自己边弹边摸索，并凭借自己与生俱来的音乐灵性和热情，将吉他、贝斯、架子鼓等乐器轻松纳入自己的特长。

初中时，她曾想和几位同学组建一个狗狗乐队，不过最后没成功，但这并不影响她唱歌。她曾以吉他弹唱一首光良的《童话》火爆校园，成为同学们的偶像。

初中毕业后，她辍学开始在琴行教吉他赚点生活费。那几年，父亲失业负债累累，她又来到舅舅在保山市有名的"十点半音乐酒吧"驻唱，最初每个月拿六百元的工资，即使收入微薄，懂事的她还省吃俭用帮爸爸攒钱。

很快她成了舅舅酒吧里的台柱子，当地很多人慕名而来，她多年的搭档郑晋东第一次到酒吧就被她的一首《夜夜夜夜》所震撼。酒吧唱歌之外，她的生活里最多的还是音乐，在家时写歌听歌，一个月有二十天会去KTV唱歌，每天唱差不多两个小时。

她原本想和朋友一起去开培训班，之后成立一个自己的工作室。音乐对她来说，其实不仅仅是成长的全部，还是生活的全部。

2011年4月16日，她报名参加"快乐女声"成都赛区海选，锅盖头、大眼镜、小虎牙、吉他弹唱是她的特色。她只是希望拿了奖能让酒吧"多点生意"，入围成都五十强便是她小小的愿望。

也正是这小小的愿望激励着她一直往前走。

她是个好女孩，懂得忍让，参赛的同伴都说她是个很好相处的人。全国总决赛七进六比赛时，她也是从不拒绝别人，就算她吃亏也会帮助别人。

她喜欢笑，遇见认识不认识的工作人员都会微笑点头，眼神中还带着几分羞涩，如果手里拿着零食，她还会分给别人一些。接受媒体采访时，哪怕排练排到再累，她都会保持良好的状态。快女城堡的集体生活中，她和每个人的关系都不错，很合群，很谦和。对同是从成都过来的姐妹她更是照顾有加，她认为唱功很重要，但交情更重要。

从六强赛开始，她的晋级之路就开始坎坷，不断被"待定"。对濒临淘汰边缘的她来说，这个时候的唱歌已经升华成了梦想，她用最真诚的音乐态度一次次感动了评委，她也总能在最"危险"的时候突破自己，用全新的曲风让人眼前一亮。

　　从五强赛开始，她在每一场比赛里都带有全新突破，她的每一次转变，都能直击人心，给人惊喜。从葫芦丝到架子鼓，从抒情情歌到疯狂摇滚，从安静唱歌到唱跳结合，她的潜能一次次因为比赛而被挖掘。直到她站在全国冠军争夺战的位置上，迎来收获梦想的时刻。

　　9月16日晚，总决赛拉开帷幕。

　　一首《追梦的孩子》，她已经放下所有成败，首轮八十九分的高分意料之中。夺冠声甚高的刘忻提前离场。看见刘忻落泪，她也潸然泪下，却依然淡定如昔。

　　她携雷霆万钧之势进入最后一轮冠军争夺之战，《火柴天堂》、《热情的沙漠》，一半海水一半火焰，炉火纯青，加之她大气、内敛的神情，对竞争对手富于同情心和敬畏，这一切都无疑为她赢得了全场欢声如潮。

　　终于，连打分一向挑剔的两位唱片公司老总都牵起了"狗狗"的手。最终，在现场大众评委的积极投票与各艺人评委的支持下，她以667：620，战胜洪辰，勇折2011"快乐女声"桂冠。

　　她就是云南保山的酒吧草根歌手段林希。

　　人们都说段林希是黑马。其实，不是黑马赢了，而是用心唱歌、自然发声、谦虚开朗、心怀感恩者的胜利。

■ 撰文/崔鹤同

奋进人生 / Struggling Life

　　实现梦想是一个艰难而漫长的过程。也许你已经坚持了很久，可目标却还是遥遥无期。也许放弃的声音早已在你耳边回响，但心中那最初的梦想仍会时刻激励你。请保留那些小小的愿望吧，对梦想的执着定会带你登顶胜利的高峰。

培养策略 / Training Strategy

　　在实现梦想的征途中，总会遇到很多困难，甚至是陷入困境，这时你需要有坚持下去的毅力，需要不断激励自己来坚定信念。你可以多阅读励志故事，多与志同道合的人交流，把目标写在墙上不断提醒自己，或者想象成功时的情景，这样你就有了更多的信心，不再会轻易放弃。

推沙子

暑假期间，陈铭与妈妈到工地体验生活。队长让他们把一堆沙子运到别处，陈铭开始干得很卖力，但干了一会儿就累得满头大汗。这时，陈铭有了一些想法，你最赞成哪一种呢？

■ 陈铭的想法 /

A.反正我也体验到劳动的辛苦了，就到此为止吧。

B.既然答应把沙子推完，不管多累，也得坚持到底。

C.我再坚持一会儿，等实在干不动了就撒手。

■ 点评 /

选A的同学：

感到劳累就退缩，目标难以达成。只有不怕苦不怕累，坚持下去，才能真正体验到劳动的辛苦，尝到成功的喜悦。

选B的同学：

你有不达目的誓不罢休的坚强意志，最终的胜利属于你。

选C的同学：

你的毅力可嘉，但如果能再多坚持一下，你会收获更多。

所以B是最好的选择。

■ 专家悄悄话 /

任何目标的完成都需要付出辛勤的劳动，如果累了就放弃，乏了就半途而止，那么永远也不会成功。成功需要的是坚持，是不怕苦累的付出与劳作。

心是一棵会开花的树

> ◉ 人生如树，纵使风雨载途，也应全力绽放。

故乡的家是一个四合小院，院里有棵粗壮挺拔的洋槐树。阳春四月，巨大的树冠华荫如盖，素淡的花苞次第开放，满院流溢着醉人的清香。

槐花盛开的时节，团团簇簇洁白的花朵，像迎风舞动的风铃，摇出阵阵欢快的笑声。

最开心的，要数采摘槐花。弟弟爬上高高的树杈，用带钩的竹竿把槐枝扭断，我拾起落到地上的枝条，沿着细茎轻轻一捋，一嘟噜花朵便尽数落进筐里。

在那贫寒的年代，槐花无疑是一道美食，或蒸或炒，皆唇齿留香。然而，苍翠遒劲的老槐树，在一个电闪雷鸣的夜晚，却如巨人般轰然倒塌。翌日清晨，发现槐树被拦腰截断，细碎的花瓣飘落一地，生命的华美与脆弱瞬间交替，让人久久地怅然无语。

此后不久，我们便搬家了。

十余年时光缓缓淌过，日子过得平淡而适意。三年前的一天，宁静的生活被突如其来的电话打破。妈妈放下电话，脸色煞白，双手颤抖，对爸爸说："儿子在工地上出事了。"

那是怎样惊心的一幕，现场发生爆管事故，弟弟身上多处烫伤，从八米平台纵身跃下。

在重症病房里，弟弟度过了生命里最难挨的两个月。出院后，他不愿照镜子，也不愿出门见人，每天把自己锁在房间里，用舒缓的音乐安抚心底的伤痛。

妈妈说："这样会闷出病来，出去走一走吧。"我想了又想，决定陪弟弟回故乡。

踏上梦萦魂牵的热土，我的心里充满期待与忐忑，不知这一趟旧地重游，将给弟弟带来怎样的影响。

走进童年的小院，一阵阵清香扑面而来，浓烈而又执着。抬头望去，记忆里被风雨摧毁的洋槐树，竟奇迹般地出现在眼前，变得更加枝繁叶茂。弟弟径直向前，缓缓地走到槐树下，把身体贴近树干，紧紧地拥抱那棵树。

那一刻，安静极了。忽然，一阵清风拂过，雪白柔软的槐花，落在他的衣襟上。他捏起几朵放进嘴里，细细地嚼，两行清泪落了下来。自从弟弟受伤以来，这是我第一次，也是唯一的一次，看到他流泪。

泪痕很快被风吻干。他侧过身来，说："姐姐，给我照张相吧。"我掏出数码相机，紧张地按了三次快门，才拍下这美好的瞬间。

　　弟弟倚着老槐树，感叹地说："槐花虽小，却有阳光的味道。"他笑了，目光变得坚强，从灵魂深处射出来。

　　半个月后，我们回到家。照片洗了出来，弟弟把它摆在床头，背面写着一行蓝色小楷：树是大自然的智者与强者，人应该像树一样活着。至此，我那颗悬着的心，终于放了下来。很快，弟弟又回到工作岗位，开始了全新的生活。

　　心是一棵会开花的树，那枝叶是信念，那树干是平和，那深入地底下的根须，就是默默地承受。人这一生，有这么一棵树，不管经历怎样的风雨，依然能凭借一缕心香，从容抵达幸福的彼岸。

■ 撰文/顾晓蕊

奋 进人生 / Struggling Life

　　生命中的许多伤痛，其实并不如我们想象的那么严重。如果你不把它当回事，它就不会给我们带来任何困扰。你觉得痛，只是因为你不够坚强。面对困难，许多人戴了放大镜，但假如和困难拼搏一番后，你会觉得，困难也不过如此。

培 养策略 / Training Strategy

　　当我们遭遇挫折的时候，不要害怕，不要被挫败的情绪左右，大胆地抬起头，你就能走出泥泞，走出自己的一片天地。学习中难免会遇到挫折和困境，谁都不会是考场上的常胜将军。失败了并不可怕，只要你正视它，从失败中总结经验教训，保持乐观进取的心态，你一样能取得成功。

东东的腿受伤了

　　东东本来特别喜欢跳高，为了取得好成绩，他勤加练习，但因此造成腿部受伤。伤好后，东东却不敢再跳高了，看到跳竿，他心里就产生一种恐惧，既怕跳不出好成绩，又怕腿还会受伤。面对这样的情况，你能给他什么建议呢？

■ 你的建议 ╱

A.干脆以后不再想跳高的事了，反正还可以干别的事。
B.先试着从较低的高度跳起，慢慢锻炼勇气和信心。
C.先不要看成绩，鼓励自己只要敢跳过去，就是进步。

■ 点评 ╱

选A的同学：
　　遇到挫折就放弃，做什么事都难以成功。只有克服心理恐惧，勇敢面对，才能让自己坚强起来。

选B的同学：
　　你的建议很好，先从低处跳起，放下心理负担，就能慢慢恢复自信。

选C的同学：
　　不错，急于求成、追求成绩也是造成心理恐惧的原因。所以，先放下成绩，只要求自己完成动作，这样有助于克服心理障碍。
所以B和C都是合理选择。

■ 专家悄悄话 ╱

　　我们在遇到重大挫折之后，常常会对让自己遭遇失败的那件事产生心理畏惧，不敢再去尝试。这是很多人都会有的心理。不用自卑，也不要气馁，从低处做起，勇敢一点，你就能慢慢找到往日的自信。

3 学会第一时间做事
——锻炼果断的办事魄力

　　果断性是衡量志商的一个标准，也是做事达到成功的重要素质基础。想做就做，学会在第一时间果断地付出行动，不给自己留遗憾，不给对手留机会，理想才能实现。

　　本章的故事和游戏将告诉你办事果断、行动利落会创造什么样的价值，带来什么样的成功，也将告诉你坐等机会、犹豫不前会如何让梦想化为泡影。大胆地去克服自己胆小怕事、犹豫不决的毛病吧！想好了就马上去做，你的魄力便会在行动中得到锻炼和提升。

别让新奇的念头溜走

○ 一个新奇的念头，到底具有怎样的价值，只有果断地付诸实践
才能知道。

生 活中，我们每天都在感受新奇，新奇的想法和念头常常闪现，但绝大多数人只是把它当成一个念头而已，想想就过去了，却不知这些念头中潜藏着巨大的商机。

其实，获得大量财富的人和穷困一生的人之间，差异只有那么一点点——前者把新奇的念头紧紧地抓住了，而后者却将它轻易地放过了。

商业奇才、身家达数亿英镑的超级女富婆安妮塔·罗蒂克做化妆品生意之前，是个喜欢冒险的嬉皮士。她尝试过多种职业，做过不少生意，但都失败了。

一天，安妮塔在与男友聊天时，突然产生了一个新奇的念头。她是那种想到就要去做的人，于是，她按照那个念头去做了。于是，她成功了。

这个念头是：为什么我不能像卖杂货和蔬菜那样，用重量或容量的计算方式来卖化妆品？为什么我不能卖用普通小瓶装的面霜或乳液，而不是把化妆品的大部分成本花在精美的包装上，并以此来吸引消费者？

接下来的一段时间，安妮塔积极地去联系供货商，并到处物色她认为可用的装化妆品的瓶子。必不可少的是，她还需要一家店面。经过多日的奔走和洽谈，她终于以合理的价格租下了一个店铺。她自己对店铺进行了改装，给它取名"美容小店"。然而，就在安妮塔费尽心机，把一切准备就绪后，一位律师受两家殡仪馆的委托控告她，原因是她的"美容小店"这种花哨的店名，势必会影响旁边的殡仪馆庄严的气氛，破坏他们的生意。这让她面临两种选择：要么停业，要么改掉店名。

安妮塔在百般无奈之中，又有了新的念头。她打了个匿名电话给《观

察晚报》，声称她知道一个吸引读者的新闻：黑手党经营的殡仪馆正在恐吓一个手无缚鸡之力的可怜女人——安妮塔·罗蒂克，这个女人只不过想开一家美容小店维持生计而已。

接下来，《观察晚报》便在显著的位置报道了这则新闻，人们纷纷来美容小店安慰安妮塔，这使得她的小店尚未开张就已经名声大震。

这一次，安妮塔尝到了不花钱做广告的绝妙滋味。在她日后的经营中，直至她的美容小店成为大型跨国企业，她都没有在广告宣传上花过一分钱。

开业之初的热闹过去后，有一段时间安妮塔的生意很清淡。她冥思苦想，又有了一个出人意料的好主意。

在凉风习习的早晨，每当市民们去肯辛顿公园的时候，总会看到一个奇怪的现象：一个披着长发的古怪女人沿着街道或草坪喷洒草莓香水，清新的香气随着晨雾四处飘散。

人们驻足观看，忍不住发问："这个古怪的女人是谁？"她当然就是安妮塔。于是，安妮塔带着她的古怪草莓香水瓶，又一次登上了《观察晚报》的版面。她说，她要营造一条通往美容小店的馨香之路，好让人们闻香而来。美容小店再次成为人们关注的焦点，安妮塔的生意又兴旺了起来。

美容小店的一切都给人们一种与众不同的感觉：简易的包装——用装药水的瓶子装化妆品，标签是手写的——最开始是因为负担不起印刷费用，但这个独特风格却保持了下去。安妮塔的产品没有说明书，只是以海报的形式贴在店里，这也成为了美容小店经营的显著风格。

安妮塔的店里甚至有一段时间摆上了艺术品、书籍之类的东西出售。这一切使得她的小店生意越来越好。

不到半年时间，安妮塔在别人的投资下，又开了第二间美容小店。很快，她又开了第三间、第四间同样风格的美容小店……

1978年，安妮塔的第一家境外连锁美容小店在比利时的布鲁塞尔开张营业。

■ 撰文/佚名

奋进人生 / Struggling Life

有的时候，我们不是没有想法，也不是没有创意，而是缺少将创意付出实践的果断魄力。我们要像安妮塔一样，想到了就努力去实现，这样你的创意才会产生价值。如果只把创意保存在大脑里，那它就只是一个空想而已。

培养策略 / Training Strategy

果断的行动常是成功的关键，你抓住时机去做了，才有可能创造财富和奇迹。要把自己变成一个果断的人，可先加强时间概念。把每天要做的事情都规定好时间，严格在规定时间内完成，不给自己找任何拖延的借口，这样就能帮你逐步改掉做事拖沓的毛病，从而培养了果断性。

摘野菜

　　山村小学要建一座图书馆，但还缺少一部分经费。一天，老师马刚在山上发现一种营养丰富的野菜，便想到把野菜卖到城里。说干就干，他带领学生们周末到山里摘野菜，很快靠卖野菜赚足了经费。你怎么看马刚的做法？

■ 你的看法 /

A.马刚敢想敢做，看到赚钱的机会就立刻行动，从而为学校解决了难题。

B.马刚很幸运，能遇到这种受人们欢迎的野菜。

C.他应该详细考察一下整座大山，也许山里还有其他比野菜更值钱的东西。

■ 点评 /

选A的同学：

　　没错。有了好的想法就果断行动，这样才能更快地解决问题。

选B的同学：

　　遇到野菜是一种幸运，但是能看到野菜的价值，并很快利用这种价值才是他成功的关键。

选C的同学：

　　即使你找到了更有价值的，可能还会想找更好的，时间都浪费在寻找中。

所以A是最好的选择。

■ 专家悄悄话 /

　　行动永远大于空想，只有把有价值的想法付诸实践，才能让这个想法创造更高的价值。所以，不要等待和犹豫，想好了就去做，这就是成功的法宝。

不要等待，现在就做

● 他从不等待，所以在身体半身不遂之前，他骑着摩托车，实现
了自己阿拉斯加之旅的梦想，此生无憾。

我的父亲曾经说过："不管上帝把你变成了什么样子，他都有自己充分的理由。"从前，我一直很怀疑这种说法，但现在，我开始相信了。

我出生在加利福尼亚州，在拉加南海滩冲浪是我从小就酷爱的运动。我是个只要决定去做便会全力以赴的孩子。在其他孩子只知道看电视玩游戏的时候，我已经在思考该如何使自己独立起来，如何周游全国了。甚至对于自己的未来，我也已经有了具体的规划。

十八岁的时候，我考下了骑车执照，并拥有了自己的摩托车。这辆我用自己攒的钱买来的摩托车，也从此改变了我的生命历程。

与其他那些只在周末才骑摩托车玩的人不同，我希望每一天、每一

分、每一秒都和我的摩托车在一起。只要有时间，我就会骑车出门，每天平均要骑行一百里。即使在现在，我一闭上眼睛仍会感受到骑在车上随风驰骋时那轻松惬意的感觉。

有一次，我在街边看到了一幅BMW摩托车的广告牌。上面画着一辆沾满泥土的摩托车，车座上放着一个大帆布袋，在车身后是个巨大的"欢迎来到阿拉斯加"的招牌。这幅广告牌猛地触动了我内心的某一根神经，我决定亲自去一趟阿拉斯加。

第二年，我为自己制订了一个为时七周、行程1.7万里的阿拉斯加之旅。但我的朋友和家人似乎都不赞成这次旅行，他们不是说我疯了，就是希望我再等一等。可骑摩托车横穿美国是我自儿时便确立好的理想，我怎么能轻易就放弃。而且，我即将步入大学，大学之后便是工作，将来还会有家庭。一个坚定的声音不断在提醒我：如果我现在不行动，那么我将永远无法实现自己的理想。虽然我不清楚自己执意这么做的目的是什么，但我唯一可以确信的是，在这个夏天，我的冒险之旅即将启程。

就这样，我出发了。怀揣着满腔的热情，装好仅有的一千四百美元，带着两只帆布袋子、一只装有地图的鞋盒子，还有一只可随身携带的手电筒。

在路上，我遇到了很多人，也体会到了各种不同的生活情态。有时，我一连几天都见不到一个人，只能在无边的旷野中感受与风的摩擦。但无论是恶劣的环境，还是多次遭遇野兽，都没有改变我对这次伟大冒险的看法。我真诚地感谢上帝给了我这次机会，让我能够享受到如此真实的生活之美。

虽然在后来的生活中，我又经历了多次类似的旅行，但没有一次可以与那年夏天的相媲美，它始终在我的生命中占据着一个举足轻重的地位。

如今我再也不能骑着心爱的摩托车去走访那些我所向往的山、水、森林了。因为在我二十三岁那年，我在拉加那海滩的街道上被一个喝醉酒的司机撞倒，受了重伤，并最终成了半身不遂。

这场事故打破了我曾经平静美好的一切。在此之前，我是一名警察，每天骑着我的摩托车往返于警局与我家之间，我结了婚，家庭美满，经济稳定。可就在这一眨眼的时间里，曾经的美好全部消失了。我在医院待了八个月，离了婚，也丢了工作，最痛苦的是我必须学会如何在轮椅上生活。那段时间，我甚至能看得见所有梦想正一点一点地在我眼前消失。

但幸好我还有爱我的家人和朋友，他们让我有了新的梦想，并支持我努力去实现。当我回过头去反思我走过的所有路途时，我总会觉得自己是如此的幸运。从前我骑上摩托车的时候，总会告诉自己："现在就做，真心去体会你身边的一切，即使你正处在一个乌烟瘴气的城市街口，也别忘了享受生命。因为你永远也不会知道，在下一秒钟你是否还能经过同一个地方，做同样的事。"

在那次事故之后，父亲对我说，上帝把我变成这样一定有他非这么做不可的理由。我相信，他的目的是让我学会坚强。很快，我找到了文秘的工作，又结了婚，还创建了自己的企业，并成为了演说家。

在此后的生活中，每当遇到困难，我都会让自己想一想那些我所做过的和还没做过的事。当然，还有父亲的话。上帝的理由很充分，但最重要的是，他让我明白了要享受每一天、每一刻，以及在可以做的时候，不要等待，立刻就做。

■ 编译/李珊珊

奋进人生 / Struggling Life

人的生命只有一次，人的梦想可能不止一个，你希望一生能实现几个梦想？不要一味地等待所谓的好时机，既然有梦想，就要马上付诸行动去努力实现它，不要让梦想在等待中变成空想。

培养策略 / Training Strategy

男孩正是因为没有等待，才在身体条件允许的情况下实现了自己的一部分梦想。要让孩子培养这种果断能力，父母应该正确评价孩子想做的事，不要说"你做得不对"、"你这个不可能实现"之类直接打击孩子的话，要帮他分析，哪些合理，哪些不合理，最终让孩子自己做决定。当孩子能独立决定并做出合理选择的时候，他的果断性也就慢慢增强了。

暑期打工

　　放暑假了，小浩的哥哥看到麦当劳餐厅招聘暑期工，他很想做这份工作。这样既能挣些钱，又能了解餐厅的运作模式，说不定还有助于他将来开个餐厅。他越想越觉得美妙，一连在家畅想了三天。结果，等他去应聘时，人家已经招满了人。你怎么看待这件事呢？

■ 你的看法 /

A.构想人生蓝图当然要多花些时间，要怪就怪那家餐厅招聘名额太少。
B.既然想做这份工作，就要马上去应聘，不应该坐失良机。
C.错过这次机会没关系，再等下次就可以了。

■ 点评 /

选A的同学：
　　机会常常是不等人的，如果把时间都浪费在想上面，只会让机会溜掉。先做最需要做的事情，人生蓝图可在做的过程中仔细构想。
选B的同学：
　　对。想到了就马上去做，这样你才有更多的机会去做你想做的事。
选C的同学：
　　机会不常有，错过了这次，可能下次要等很久，所以要懂得珍惜机会。
所以B是最好的选择。

■ 专家悄悄话 /

　　很多时候，我们需要果断的魄力，在最短的时间内把自己的思想愿望付诸实践，才能更好地利用机会获得成功。如果拖拖拉拉，那只能浪费时间，错失良机。所以，试着果断一些，你会更好地驾驭生活。

成功的理由

● 两个人拥有同样的梦想，一个坐等机会出现，一个努力去争
取，于是，一样的梦想有了不一样的结果。

有一个叫西尔维亚的女孩，出生在美国一个家境优越的家庭里。她的爸爸是一位有名的整形医生，妈妈是当地一所声誉很高的大学里的教授。她生活幸福、衣食无忧，父母无论在经济上还是在生活上都给了她很大的帮助和支持，可以说，她不缺乏任何实现自己理想的机会和条件。

西尔维亚的理想是成为一名电视主持人，而她在这一方面也是独具天赋。她很善于与人交流，即使是从未见过的人，她也能在很短的时间内让对方喜欢她，并愿意与她长谈。

西尔维亚有着很好的谈话技巧，她能巧妙地从别人心里挖出真实的想法，却不会让人反感。也因为有着这样的天赋，西尔维亚被朋友们称为"亲切的心理医生"。当朋友们有了无法解决的烦恼时，便会向西尔维亚求助，她给出的建议总是让人乐于接受。不仅如此，西尔维亚还有一副甜美的嗓音，那富有魅力的声音让人一听就倍感舒服。

"只要给我一次上电视的机会，我就一定可以成功。"这是西尔维亚常对自己说的一句话。但这样的机会能自己出现在她面前吗？她又为自己的梦想做了些什么呢？

答案一定是否定的，机会不会自己闯进门，而她也什么都没做。她每天只是坐在电视机前，对她所喜欢的电视节目中的主持人评头论足，并假设自己是主持人，会怎么怎么做。她等待着奇迹的降临，让自己瞬间就实现了梦想。

起初，父母还很支持西尔维亚，但时间长了，他们便催促她去找一份其他的工作。西尔维亚没有理会父母的催促，她告诉他们："我不会做任

何其他的工作，我只想做电视主持人。"

可她不知道，她的等待根本没有任何意义。电视台不会去请一个毫无经验的人担任节目主持人，而负责招聘主持人的人也不会亲自到她家来请一个名不见经传的人，他们都是在办公室里等着人才自动上门。

朋友们纷纷帮西尔维亚出着主意，他们劝她可以先去电视台打打杂，学习一些基础的本领，没准磨炼几年，她就能成为真正的主持人了。但西尔维亚却认为自己的梦想是当主持人，怎么能降低身份去打杂呢？

就这样，时间一点点地蹉跎而过，西尔维亚离她的梦想也越来越远了。

还有一个美国女孩叫辛迪，她也有着成为电视主持人的梦想，但与西尔维亚不同的是，她家境贫寒，没有丰厚的经济来源。所以，从很小开始，她就学会了为自己想要的一切努力打拼，她知道"天下没有免费的午餐"，想要成功就必须靠自己争取。

上大学的时候，辛迪不能像其他同学一样享受美好的时光，她得为自己在校外的舞台艺术课赚取学费。可以说，她的大学时光是异常辛苦的，但她没有放弃，因为在她的心中一直有个梦想在支撑着她。

毕业找工作的时候，辛迪想找一份与电视行业相关的职位。她跑遍了洛杉矶所有的广播电台和电视台，但没有一家单位愿意接收一个刚刚从学校毕

业的年轻人。听着一份份内容相差无几的回复，辛迪很失望，但她却不愿意放弃梦想。她知道，等待是不会为自己带来任何机会的，机会是要靠自己创造的。

一连几个月，辛迪每天都仔细阅读广播电视方面的报纸和杂志。终于，功夫不负有心人，在一本杂志的角落里，辛迪发现了一则招聘启事：华盛顿一家很小的电视台在招聘一名天气预报播报员。

辛迪是地道的加州人，对于北方那种没有阳光、时常下雨的天气很难适应。但为了得到这份与电视行业相关的职位，她什么都可以不在乎了。看完这则招聘启事，辛迪就立刻动身来到了华盛顿，她决定抓住这次机会，成就自己的梦想。

经过层层筛选，这家电视台终于录用了这个来自南方的执着的女孩。

在这家电视台工作了两年后，辛迪回到了洛杉矶，并在当地一家电视台找到了工作。

又过了五年，通过在电视领域的不断提升，辛迪终于成为了她梦寐以求的电视节目主持人。

这就是两个追梦人的故事！

■ 编译/肖琭珺

奋进人生 / Struggling Life

每个人心中都埋藏着一个梦想。如果你的梦想没有开花结果，与其怨天尤人，埋怨没有得到机遇的眷顾，不如扪心自问：我究竟为自己的梦想付出了多少努力？有时候你的眼前并不是没有机遇路过，只是你没有做好准备，没有果断地伸手去争取罢了！

培养策略 / Training Strategy

梦想需要切实的行动才能实现。要培养果断的行动能力，先学会辨别什么是属于自己的责任，在你确定某件事是自己该做的事情之后，那就自己去做，不等不靠，不依赖父母或他人。比如：你想了解植物的习性，种了很多盆花草，那每天给花草浇水、施肥，以及剪枝等事情都是你自己该干的，不要交给父母去打理，否则你就学不到扎实的植物学知识。负起你该负的责任，你就能慢慢培养出果断性。

躺在长椅上的青年

　　麦克的嗓子很好，一心想成为一个歌星。他却不肯付出行动，每天躺在公园的长椅上看着来往的行人，希望某一天唱片公司的星探发现他的才华，把他打造成为歌星。朋友劝他去找一份工作来做，他却说要坚持自己的梦想。你觉得他要实现梦想，应该怎么做呢？

■ 你的建议 /

A.不能坐着不动，他应该出去寻找机会，向人们展现自己的才华。
B.可以先去找著名的老师学习歌唱、发音技巧，打好唱歌的功底。
C.＿＿＿＿＿＿＿＿＿＿＿＿＿＿＿＿＿＿＿＿＿＿＿＿＿＿＿。

■ 点评 /

选A的同学：
　　没错，天上不会掉馅饼，只有自己寻找机会，机会才会光顾你。

选B的同学：
　　你的建议很好，要想成为歌星，必须要有扎实的歌唱功底才行。先把基础打牢了，歌唱本领增强了，才有可能受到大众欢迎。

所以A和B都是合理选择。如果你还有其他建议，可以写在C项的横线上。

■ 专家悄悄话 /

　　如果有梦想而不采取行动，即使你有再高的才华也会被淹没在茫茫人海中。才华需要你自己努力去展现，才能被人了解，被人认知。所以，不要坐等机会的出现，赶紧出发，去寻找你的人生梦想吧。

春暖了，花会开

● 一个差点步入歧途的贫穷青年，却被一丝温情拉回了正轨，因
   为他开始相信：春暖了，花会开。

雪 不停地下着，冷风一阵阵袭来，他脚步踉跄地行走在雪地上，留下一串歪歪斜斜的脚印。

就在刚才，他硬着头皮，去向工长讨要拖欠了大半年的工资。工长正在喝闷酒，头也不抬地说，不是我不给你钱，是王老板欠着我的工程款。我去找过他，他总说手头紧张，可桌上明明摆着一台新买的笔记本电脑。我说的都是实话，不信你可以到裕丰大厦四楼第三间问王老板。

他品咂着工长的话，心底冒出一个大胆的想法——用笔记本电脑抵工

资。他被这个念头吓了一跳，随即耳边响起另一个声音，我这样做，只是"取"回这个城市欠自己的。于是，他扭身出了门，买了把螺丝刀揣在兜里，朝裕丰大厦走去。

到了那里，已是晚上七点多钟。整栋大楼空荡荡的，他觉得心跳得厉害，扶着楼梯摸黑上了楼。

他四下张望，试探地敲了敲门。就在这时，门开了，有位年轻女人站在那里，问他找谁？他怔住了，结结巴巴地说，我……我找建安公司的王老板。女人说你走错楼层了，他的办公室在楼上，现在已经下班了。

他挤出一抹笑容，掩饰内心的慌乱。女人见男孩衣着破旧，略显稚气的脸冻得变了色，便邀请他进屋暖和一下。室内开着空调，阵阵热浪扑面而来，他挪动脚步进了屋。

女人递上一杯清茶，他接了过来，感激地说谢谢大姐。女人说我姓罗，喊我罗姐就行了，你找王老板有急事吗？罗姐的热诚打动了他，他的眼睛濡湿了，讲起那些心酸的经历。

上高二那年，他的父亲患了重病，家里全靠母亲支撑。看到母亲日渐消瘦憔悴的脸庞，他办了休学，背起行李外出打工。到了工地后，他干着最脏最累的活，想多挣些钱贴补家用，还可以积攒些学费，没想到工资一拖再拖，他的心凉到了极点。

在城市漂泊了近一年，这还是第一次肯有人坐下来听他说说心里话，让他将内心的烦恼一股脑地倾吐出来。罗姐温和地劝说，你明天去找王老板，好好地跟他谈谈，凡事总有解决的办法。那颗濒临绝望的心，又闪出希望的火花，于是，他决定听从罗姐的建议。

第二天清晨，他又一次来到裕丰大厦，见到了王老板，诉说起打工的苦楚。他有些紧张，有些胆怯，话说得语无伦次。王老板沉思了一会儿，说，你的话让我想起了年少创业时的艰难，不过，最近资金周转遇到点问题。这样吧，我跟工长说一声，你的工钱我先付给你，其余的我想办法解决。

从王老板那里出来，他感觉像在做梦，没想到事情竟如此顺利。他满心欢喜地来到街上，置办起年货，给母亲买了件毛衣，给父亲买了两瓶烧酒。

第二天是周末，他起了个大早，坐上公交车前往车站。下了公交车，路过一个摊点，地上摆着花花草草，很多人围在那里挑选。这时，传来一个熟悉的声音：便宜一些，我买两盆。他回头一看，是办公室的罗姐。

他把后来发生的事情，跟罗姐讲了一遍。罗姐笑了，我就说嘛，世上还是好人多，能顺利要回工钱，我替你感到高兴。送你一盆报岁兰，祝你喜乐年年。说着罗姐递过来一盆碧绿的盆栽，他好奇地问它会开花吗？罗姐笑着说，春暖了，花会开。他捧着报岁兰，跟罗姐道别，坐上了回家的长途车。

他透过车窗，望着渐行渐远的城市，眼里泛起柔柔的光。他知道，是罗姐将他从迷途拉回正道，唯有沿着这条人间正道，才能迎来人生的春天。这次回家，跟父母一起过个团圆年，春节过后，把落下的功课捡起来。这样想着，一颗心早已飞回偏远的小山村。

■ 撰文/顾晓蕊

奋进人生 / Struggling Life

生活中，我们都会遇到难以解决的困难，但难以解决并不表示无法解决，我们可以等待时机，也可以求助于人。无论如何，逃避困难或用非法渠道解决问题都是万万不可的。世上无难事，只要勇于面对，总有成功的希望。

培养策略 / Training Strategy

在面对自己无法解决的困难时，我们应该学会求助于他人。你可以试着多单独与外人打交道，比如购物、问路等。在做这些事的时候，学会不断给自己鼓气、加油，不要把被拒绝当作丢人的事。做得多了，你就能克服胆怯和害羞的心理障碍，逐步建立自信，从而迈出坚定果敢的步伐。

求援

在去外婆家的路上，小豪和妈妈的汽车抛锚了。过了很久，有一位开吉普车的司机停在他们身边，小豪想上前请求帮助，可是又害怕被拒绝，所以有些犹豫。你觉得他该怎么做呢？

■ 你的建议 /

A.大胆上前，说出目前自己和妈妈的困境，以诚恳的态度请求帮助。

B.缩在妈妈身后，让妈妈去跟人家讲求援的事情。

C.让妈妈打电话，催催爸爸赶快来接他们。

■ 点评 /

选A的同学：

在遇到困难，自己受条件限制无法解决时，就应该勇敢、果断地向别人请求帮助，这样才能更快地让自己摆脱困境。

选B的同学：

遇到问题就想推给别人，这样不利于成长，也不利于以后的独立生活。

选C的同学：

你是在找其他理由来回避面临的事情。其实只要勇敢果断一点，你会发现事情其实很简单。

所以A是最好的选择。

■ 专家悄悄话 /

碰到事情的时候，我们常常犹豫不决，是因为胆怯、害羞或者害怕失败和拒绝。实际上，你勇敢地跨出一步，即使失败了也不丢人。如果你连尝试都不敢，那么可能会白白错过可以成功的机会。

第一双红舞鞋

将来的机会并不比现在多，将来的条件也未必比现在的好，那你为什么不现在就出发呢？

当前美国纽约百老汇最年轻、最具人气的青年演员安东尼·吉娜，曾在美国著名的脱口秀节目《快乐说》中讲述了自己的成名经历。

在安东尼·吉娜上大学的时候，她就是学校艺术团中最出色的歌剧演员。因为她高超的表演天赋和艺术才华，她备受老师和同学们的喜爱。可是，在吉娜的心里，有一个更为璀璨的梦想：在大学毕业后，她要先去欧洲旅游一年，然后她就会去纽约百老汇，并成为其中最优秀的演员。

关于这个愿望，吉娜曾在一次学校举办的演讲比赛上吐露过，大家都相信她一定会取得成功。吉娜的心理学老师却在当天下午找到了她。

"你现在去百老汇与毕业之后再去有什么不同吗？"老师开门见山地问道。

老师的话让吉娜为之一振，的确，大学生活也只是单调的重复，就算多读几年也不能帮自己成为百老汇的新星。

于是，她决定把其他计划延后，一年后就去百老汇。

可这时，心理老师的问题又来了："你现在去与一年之后再去有差别吗？"

吉娜仔细想了想，觉得老师的问题十分值得思考，时间就是机遇，一旦失去了将无法重来，所以，她下定决心说："再等半年，我就出发。"

老师似乎还没有得到满意的答复，他接着问道："你半年之后去与今天去有什么不一样吗？"吉娜被一连串的问题弄得有些晕头转向，想想那个金碧辉煌的舞台和自己梦寐以求的红舞鞋就在不远处向她招手，她终于决定下个月就出发。

可心理老师仍不肯罢休，他追问道："下个月出发与今天就去有什么差别吗？"

吉娜感觉梦想又近了一步，她已控制不了自己的情感，激动地说："好，我需要一个星期的时间准备一下，然后我就出发！"

"百老汇可以买到你需要的所有东西，一个星期之后去和今天出发有什么不同？"老师似乎一切都已替吉娜设想好了。

"我明天就出发！"这时的吉娜早已激情澎湃，泪水打湿了她的眼眶。

老师终于露出了赞许的微笑，他对吉娜说："明天的机票我已经替你买好了，回去简单收拾一下，准备出发吧！"

第二天，怀揣着梦想的吉娜，登上了飞往纽约的班机。她来不及犹豫，也更不会后悔，因为她知道，那个全世界知名的艺术殿堂正敞开了大门，迎接她的加入。

当时，百老汇的制片人正在为一部经典剧目招募主角，而对这个角色有兴趣的演员竟然有几百名，他们大多是来自世界各国的艺术家与演员，竞争十分激烈。按照当时的选拔步骤，首轮选拔，制片方会选出十个左右的候选人；第二轮，由这十几个候选人分别按剧本演绎一段主角的演出。经过这两轮艰苦角逐，制片方最后会决定主角的人选。

吉娜很快了解了百老汇的这项选拔流程，她下定决心一定要拿到这个角色。但与其他参选者不同，她没有去美容院做漂亮的发型，也没有去商场采购美丽的时装，而是费尽周折从一个化妆师手里拿到了这个经典剧目

的剧本。

从拿到剧本那一刻起，吉娜便开始了闭门苦读，悄悄演练。她仔细揣摩着主角的心理与行动，用自己的灵魂来演绎着这个角色。

正式选拔那一天，吉娜被排在第四十八个出场。当这个衣着朴素、发型普通的姑娘出现在制片人面前时，他并没有过多地关注她，只是例行公事般地要吉娜介绍一下自己的表演经历。吉娜从容地说："我还是个学生，表演经历并不丰富。但我想耽误您一分钟时间，为您表演一段我从前在学校里排演过的剧目。"

也许是制片人不愿让这个对艺术充满热忱的女孩失望，他同意了吉娜的请求。可就在接下来的一分钟里，他却被深深地震撼了。因为从女孩嘴中吐出的台词，正是他们将要排演的剧目的对白。而且那些本来没有生命的文字，在这个女孩的演绎下，竟变得如此生动。她那真挚的感情、投入的表演，简直与他心中一直存在的主角完全重合了。在微愣了几十秒之后，他迅速通知工作人员结束面试，因为他已经找到了自己想找的主角。

就这样，吉娜在百老汇的第一次面试就顺利地成为了剧目的主演，穿上了她人生的第一双红舞鞋。

■ 撰文/阿·安·普罗科特　■ 编译/李珊珊

奋进人生 / Struggling Life

如果吉娜不是第二天就出发，她很可能就此失去进入百老汇的机会。现实中，很多人都习惯把自己的理想定得比天还高，却又为惰性所囿，从不付诸行动。要知道，一张地图，即使标注再详尽，也不可能带着研读它的人在地面上移动半步，只有行动才能使你达成自己的目标。

培养策略 / Training Strategy

任何理想都需要行动去实现，行动越早，机会越大。要培养孩子大胆选择，迅速做出决定的能力。父母平时可以就家庭事务多征求孩子的意见，让孩子来辨别是非、判断好坏。比如，家里要换一台电视机，要买什么品牌的、什么样式的，可以让孩子给一些建议，并说出建议的理由。多采纳他们的意见，孩子果断做决定的能力也就增强了。

为了理想而果断前行

■ 阿尔弗雷德·贝恩哈德·诺贝尔

Alfred Bernhard Nobel
"安全炸药"的发明者

　　瑞典化学家诺贝尔的父亲是一家专门生产地雷、水雷和火药的工厂厂主。在父亲的影响下，诺贝尔掌握了许多机械、物理、化学等方面的知识。后来，他从事炸药研究，决心研制一种爆炸效果好又很安全的炸药。但结果总是失败，有一次还发生严重爆炸事故，造成人员伤亡。政府禁止他再在陆上做实验。诺贝尔没有放弃，果断租了一条船，在船上做实验，最后终于研制出了"安全炸药"。

■ 伽利尔摩·马可尼

Guglielmo Marchese Marconi
无线电之父

　　意大利科学家马可尼自幼爱好物理，十五岁就考入波罗尼亚大学。在一次电学实验课上，教授告诉大家电磁波可以在空中传播。受此启发，马可尼想到：如果能让电磁波带着信号飞过大海，那地球上的距离不就缩短了吗？想到就干，马可尼开始研究电磁波学说，他以加强电磁波的发射能力方式，首次实现了几百米之内的无线电通讯。之后，他又经过数次试验，终于发明了跨越大洋的远距离无线电通讯。

■ 莱特兄弟

Wilbur Wright and Orville Wright
实现飞行梦想的勇者

　　美国发明家莱特兄弟从小就喜欢摆弄旧机械，他们在郊外玩耍时，总讨论鸟类为什么能飞行之类的问题。后来，兄弟二人一起创业，发明了缝纫机、打字机等机械的各种零件。一次，他们听说德国人发明了滑翔机，便决定自行研制。1903年，莱特兄弟把发动机装在了滑翔机上，制造出了动力飞机，从而开启了机器动力飞行的时代。

吉列剃须刀的诞生

● 他是个不太成功的推销员，然而一个傍晚的灵光一闪，却让他
用一把剃须刀改变了自己的人生。

金·坎普·吉列出生在美国芝加哥一个小商人的家庭。从十六岁开始，他就做起了推销员，但到四十岁的时候，他仍旧只是个推销员。

如果不是那次偶然的发现，也许吉列一辈子都只是个普通的推销员。那天傍晚，吉列坐在家门口百无聊赖地思索着问题，他的手不自觉地托在了下巴上。突然，他的手指被下巴上的胡须扎了一下，这一轻微的刺痛同时也唤醒了他的灵感。刮胡子是每个男人都必须做的事情，而刮胡子就得有剃须刀，现有的剃须刀使用起来都很麻烦，如果有一种"用完即扔"的剃须刀岂不是很方便。

吉列是个想到即行动的人，他买来锉刀、夹钳和薄钢，开始了"闭门造刀"。经过反复试验，吉列设计了一款新型的剃须刀：圆柱形的刀柄，

用薄钢制成的刀片被固定在上方的凹槽里，在刀片的外边还包着两块薄金属片，使刀刃与脸部始终呈固定的角度。这就是第一款吉列剃须刀，它在锋利程度和安全性能上都大大优于传统剃须刀。

1901年，吉列在美国波士顿成立了吉列保险剃刀公司，经过长期的推广与宣传，吉列安全剃须刀得到了美国广大消费者的认可。到1904年，吉列公司已经售出了"T"型剃刀架九万把、刀片一千二百四十万枚，在美国掀起了一股热潮。

就在吉列保险剃刀公司发展得如火如荼的时候，第一次世界大战爆发了，吉列也只好暂停了进一步扩大生产规模、拓宽销售市场的计划。但在一次看报纸的时候，吉列发现新闻中很多士兵的胡子都是乱蓬蓬的。他灵光一闪，决定抓住这个把吉列剃须刀推向世界的好机会。

于是，吉列抓住时机以优惠的价格把自己公司的新型剃须刀推销给了政府。政府把这种剃须刀配备给了每个士兵。很快，吉列剃须刀就以其方便安全的性能受到了美国士兵及盟军的一致喜爱。

第一次世界大战结束后，士兵们已经习惯于使用吉列剃须刀。盟军士兵回到了各自的国家，也将吉列剃须刀传遍了世界各地。

■ 编译/刘国华

奋进人生 / Struggling Life

很多时候，成功来自于大胆想象和大胆行动。当你在某个瞬间产生灵感，当你在某个时刻看到可以创造成功的机遇，请像吉列一样，大胆地去付诸实践吧，果断地抓住机会，你也能创造非凡的人生。

培养策略 / Training Strategy

吉列的成功在于他富有灵感，更在于他敢想敢做。培养这种敢想敢做的魄力，要从小做起。父母平时不要对孩子管教过于严厉，"不许做这，不许做那"不利于孩子成长，要给孩子自由，放手让他们去做自己想做的事情，多肯定他们的想法，多加鼓励。这样，同学们在面对事情的时候就不会茫然无措，而是能拿出自己的勇气，果断前行。

父子赶车

父亲和儿子到城里卖蔬菜，快走到城里的时候，发现城里着起了大火。这时，如果他们再把车赶回家去的话蔬菜就会坏掉。父亲让儿子来决定怎么办。你觉得儿子应该怎么做呢？

■ 儿子的做法 /

A.十分犹豫，既不进城，也不回家，等在路边观望城里的情况。

B.一边往回赶一边叹息，不知道该怎么解决这车菜。

C.果断地掉转车头，把菜拿到附近的村里去卖。

■ 点评 /

选A的同学：

犹豫、等待解决不了问题，要积极想办法才对。

选B的同学：

如果就这样回去，可能会白白损失一车菜，之前的劳动都白费了。

选C的同学：

这个做法很好。果断地转换市场，即使不能达到预期效果，也能最大程度地减少损失。

所以C是最好的选择。

■ 专家悄悄话 /

在遇到问题的时候，只有果断地想办法去解决问题，才能减少损失，保住自己的劳动成果，达到理想的目标。退缩、等待、犹豫都是不可取的。别再畏手畏脚，拿出你的勇气，你会做出合理的决定。

商界顽童——理查德·布兰森

● 他特立独行，他狂放不羁，他不断创新，因此，他创下了一个
个商业奇迹，一步步扩大了自己的商业帝国版图……

　　头披肩长发、终日休闲打扮、玩世不恭的态度，这样一个类似摇滚明星的形象，似乎与我们心目中的商界绅士有所不符，但他确实是一个商界的神话。他就是被称作"嬉皮士资本家"的理查德·布兰森，也就是维珍（Virgin）品牌的创始人。

　　理查德·布兰森出生于1950年，他的家庭属于典型的中产阶级。在很小的时候，他便被送到了公立学校学习自立。在学校里，布兰森学习成绩很不理想，他患有阅读障碍症，而且天生对数字不敏感，无论怎样努力都算不好那些基本的数学题。

　　但尽管如此，布兰森却有着非同一般的商业头脑。在一次复活节放假期间，他曾和朋友托尼用五英镑买了四百棵树苗，他们打算将树苗培育成圣诞树，然后再以高价卖出。这个计划原本是天衣无缝的，可一群突如其来的野兔却吃掉了大部分树苗。气急败坏的布兰森和托尼用猎枪猎杀了野兔，并以一先令一只的价格把野兔卖了出去。

　　十七岁时，布兰森离开学校，开始了他的创业之路。临别前，校长送给布兰森的毕业赠言是："布兰森，关于你的将来，我想要么你会走向监狱，要么就会成为百万富翁。"

　　拿着妈妈给的四英镑赞助，布莱特开创了他的第一个事业——《学生》杂志。在为杂志拉广告赞助的时候，他曾打电话给可口可乐公司，假称百事可乐公司已经预定了一个大的广告版面，问可口可乐公司是否需要一个类似的版面；他还给《每日电讯报》打电话，问他们是否想在《每日快报》之前做广告。为了提升杂志的销量，他想方设法请来甲壳虫乐队的

约翰·列侬等名人做专访，使《学生》杂志声名鹊起。

偶然的一次机会，布兰森发现当时在音像店中出售的唱片价格普遍偏高，他想如果能开拓一项邮购打折唱片的业务将会很有市场。于是，他在杂志的封底上打出了这样一则广告，而这一创新的业务也果然为他赢得了大笔的订单。

1972年，布兰森进一步扩大事业，在英国许多城市开设了多家维珍唱片连锁店，并成立了一家音乐工作室。1973年，该工作室首张录制的唱片便一炮而红。随后，该工作室更是吸引了菲尔·柯林斯、博伊·乔治等大牌明星和乐队与之签约。

这只是布兰森迈向成功的第一步，在其后的十年间，维珍唱片逐渐成为了英国举足轻重的唱片品牌。

1992年，布兰森已无法满足于唱片业的成就，他决定把事业版图扩展到各个领域。他忍痛割爱，将一手创办的维珍音乐集团卖给了EMI。接着，他便用所得的大量资金为自己拓展了更大的发展空间。很快，维珍集团的触角已从英国伸向了全世界。

在布兰森永不会停止的征程中，在他对唱片娱乐业和连锁零售业的成功经验中，他逐渐意识到了价格的低廉与服务的优质是关乎事业成功的两个重要方面。他认为这种理念在其他的行业也同样适用。所以他准备把自己的成功经验和管理理念引入到航空运输业，并以此来开拓自己新的事业。

当时，布兰森的这一决定遭到了亲戚朋友的一致反对，而他进入航空领域的第一次试飞也因意外而导致失败。但是，布兰森并没有因此而放弃他对航空运输业的征程，他甚至不惜时间与精力与英国航空公司打了一场大官司。

如今，维珍大西洋航空公司已成为世界第三大航空公司，这就是布兰森独到精准的经济头脑与胆大创新的行事作风所创造的奇迹。

布兰森前进的脚步也许永远都不会停止。1994年，布兰森又成立了"维珍可乐公司"，现在维珍可乐公司在欧洲的销量已经超过了百事公司。此外，布兰森还成立了维珍铁路公司、维珍电信公司、维珍新娘公司等。

现在，维珍集团已成为英国最大的私人企业，旗下拥有二百多家大小公司，涉及航空、金融、铁路、唱片、婚纱，俨然半个国民生产部门。

他曾亲自开坦克碾过放在美国纽约时代广场上的可口可乐，宣布维珍集团正式进军饮料界；他曾男扮女装穿着婚纱出现在维珍新娘公司的开业典礼上；在海湾战争期间，他又驾驶维珍航空公司的飞机前往巴格达营救人质。这样一个留着灰白长发、永远带着笑容的布兰森，不仅是维珍品牌的代言人，更是名副其实的"商界顽童"。是他，用冒险精神与特立独行向全世界阐释了维珍品牌的含义。

■ 编译/刘湟

奋进人生 / Struggling Life

心有多大，舞台就有多大。重要的是，你要敢于踢开前进道路上的一切羁绊，坚持前行，这样什么都不能阻挡你开拓自己的天地。想好了就大胆地去行动吧，不要犹豫或畏缩，你的人生路会越走越宽广。

培养策略 / Training Strategy

布兰森具备惊人的经商天赋，但他的成功更多来源于他的敢作敢为、大胆创新。要具备这种果断行事的能力，平时要克服消极心理，不要一味担心失败了会遭受批评或造成财产损失，从而畏手畏脚，不敢再投入热情和精力。从小事做起，小事容易决断，而且即使错了也不会有多大遗憾，随着决断程度的提高，你就能培养出关键时刻作出果断决定的能力。

乔伊学画画

六十岁的乔伊因病退休，他想学画画，想成为一个画家。朋友们都劝他不要异想天开。但乔伊还是去学画画了，并在三年后奇迹般地让自己的画闻名世界。如果是你，你会像他一样去做吗？

■ 你的做法 /

A.我会像乔伊一样，果断付出行动，为自己的人生创造一个奇迹。

B.我要看自己有没有画画的天赋，如果没那个才能，我不想白费力气。

C.我会好好考虑朋友的意见，多考虑些时间。

■ 点评 /

选A的同学：

你很果断，不被别人的意见左右，即使不能创造奇迹也不会有遗憾。

选B的同学：

才能多是靠后天培养的，如果你不尝试，永远不知道自己行不行。

选C的同学：

如果你把时间都放在考虑上，那么你就真的没有时间去为自己的人生多做一些事情了。

所以A是最好的选择。

■ 专家悄悄话 /

当我们想去做一件事的时候，常会遇到各种"好心"的劝阻。面对这些劝阻，我们自己要判断孰轻孰重、孰对孰错。如果认为自己的想法是对的，那就坚持去做，果断去做，因为你的人生最终要由自己来把握。

4 对待自己要严格
——提高自我约束力

在实现人生理想、创造成功的路上，除了要有毅力、行动果断外，还必须要有自我约束力。能够自制，你才不会被自己的坏习惯、坏脾气等牵绊和左右，你才能坚持迈出前进的步伐。

本章的故事和游戏就是告诉你自制力的重要性，并给出各种提高自制力的方案，帮你了解自制力，学会自我约束。加油，对自己严一点，你的人生路才会宽一点。

戒烟的少年

● 他，年少孤苦，染上烟瘾。在准备开创自己的一片天地之时，
他如何戒掉手上的香烟？

他是一个孤儿，年幼的时候父母就去世了，由叔叔婶婶养大。叔叔家还有两个孩子，他寄居在那里，无疑是多了个累赘。所以，婶婶对他很冷漠，甚至是厌恶，从不给他好脸色看。

他有一双巧手，他做的风筝总能比其他孩子做的飞得高，他糊的灯笼又漂亮又别致。他尤其会刻泥人，村里有很多那种胶泥，他挖一块，用小刀三下两下就能刻出一个栩栩如生的小人。这是他长久一个人坐在河边练就的功夫。

他在家里干各种力所能及的活，但是仍得不到婶婶的欢心。到了十三四岁的年纪，他开始变得叛逆起来，他讨厌那个家，讨厌婶婶厌恶的眼神。他退了学，慢慢和街上那些小混混们混在了一起，有时候好几天都不回家。

不久，他吸上了烟。开始的时候，他只是想学个样子，也许这样会更像个男子汉。但后来，吸得多了，他染上了烟瘾。尤其是在夜深人静的时候，他感到特别迷茫无助，好像只有一根接一根地吸那些劣质香烟，他才觉得不那么压抑和痛苦。

慢慢地，他长到了十七岁，叔叔的家他已经很久不回去了。在外人眼中，他是个十足的混混。只有他自己知道，他的内心是多么渴望不同，渴望能做一些有意义的事情。

他越来越觉得，在街头上混，打架、斗殴、酗酒……是那么的无聊。他从心底里厌恶那些和他一起混的满嘴脏话、无所事事的同伴，同时他也厌恶那样的自己。

怎么样才能走出这片不堪的泥泞，让自己的人生也能发光发彩？他在暗夜里，无数次这样问自己。他慢慢远离了那些同伴，想找一份正经的工作。但因为他学无所长，大家又知道他是个混混，所以很多地方都不敢聘用他。

　　但是，他骨子里有一种韧劲，别人越是看不起他，他就越想证明给人看。遭受白眼没关系，被拒绝也无所谓，他越来越坚信自己会有另一个舞台。他的坚持终于有了回报。在一个偶然的机会，一家公司老总发现他有刻泥人的本领，大喜过望，想把他招进自己公司专门刻泥人。当他得知这个消息，高兴得流下了泪水。

　　但是，这家公司老总还发现他竟然烟不离手，抽烟抽得特别凶。老总不愿看到这样一个少年被烟毁了，于是提出让他戒烟的要求，时间是一个月。只有他戒了烟，才能进公司。

　　他知道自己抽烟不好，所以答应戒烟。可说起来容易做起来难。他已经抽了三四年的烟了，已经被劣质的香烟熏黄了手指，哪有那么容易戒掉呢？

他给自己定了计划，决定从一天抽一包改为一天抽十根，再从十根改为抽三根，最后到一根也不吸。开始戒烟的头几天，他感到浑身乏力，头脑昏沉，烟瘾一上来，好像有很多小蚂蚁在咬他一样难受。他一次次把手伸向烟盒，又一次次缩回来。他在心里告诉自己：一定要克制，一定要坚持，什么也不能阻挡他要改变自己人生的脚步。实在难受的时候，他就用手在胳膊上用力地掐一下，让身体的疼痛来提醒自己。

就这样，他严格按照自己的计划来戒烟，一天之内绝不多抽，十天下来，他就能做到一根也不抽了。

一个昔日的同伴听说他要戒烟，跑来嘲笑他说："就你那个样子，比谁抽得都凶，还想戒烟？恐怕你这辈子都戒不了了。"说完，他还故意在他面前点起了一支烟。

再次闻到烟的味道，有那么一刻，他确实觉得难以控制，很想再吸上一根。但是，看到自己胳膊上的淤青，他咬咬牙，把那个同伴赶了出去。

终于，一个月后，他走进了那家公司，成为专门刻泥人的工人。十年后，他从刻泥人转为做雕塑，成为了一位国内知名的雕塑家。

■ 撰文/佚名

奋进人生 / Struggling Life

人懂得自我节制，自我约束，才能在人生路上取得成功。不要让自己的不良习惯牵绊住前进的脚步，只要你下决心去克服它、改掉它，你就能把它从自己的生活中剔除。只有严格要求自己，你才更有资格去迎接生活给予的丰厚回馈。

培养策略 / Training Strategy

改掉自己的坏习惯需要强大的自制力。你可以给自己树立一个非常渴望实现的目标，而这个目标的实现是以改掉某项坏习惯为基础的。这样，实现目标的愿望越强烈，你改掉坏习惯的自制力就越强。比如，你有爱吃零食的习惯，体重因吃零食已经严重超标，你将来想成为一个健美先生或健美小姐，那么你就要时刻以打造良好身材、锻炼健康体魄为目标，严格控制自己吃零食。

不爱完成作业的麦迪

二年级学生麦迪有个坏习惯，总是不能按时完成老师布置的作业。做作业的时候，他特别不专心。为此，妈妈多次劝说，老师也多次批评，但他总也改不了。你能给他提供一些建议吗？

■ 你的建议 /

A.选择一个安静的环境，把能吸引注意力的玩具、食物等物品都拿得远远的，做作业时尽量不去看周围的事物，只看自己的作业本。

B.根据自己的能力，规定好完成每道题的时间，严格按照定好的计划执行。

C._____。

■ 点评 /

选A的同学：

这个主意不错，在客观环境中减少外部诱惑会帮助提高自制力。

选B的同学：

很多人缺少自制力是因为没有时间观念。加强时间概念，一分一秒也不浪费，有助于改掉拖沓、不专心的毛病。

所以A和B都是合理选择。如果你还有其他建议，可以写在C项的横线上。

■ 专家悄悄话 /

任何坏习惯都是可以改掉的，只要你肯下决心，会有很多好方法来帮你改正它。创造客观条件可以起一定作用，但还要在主观上坚持去克服才行。

糖果实验

● 生活和学习中有很多美味诱人的"软糖"，你是否能抵挡它们的诱惑，坚持等到合适的时机再享用呢？

为了测验自制力对人生的影响程度，一位心理学家把一群四岁左右的孩子带到一间陈设简陋的房子，然后发给他们每人一颗非常好吃的软糖，同时告诉他们：如果马上吃掉软糖只能吃一颗；如果二十分钟后再吃，将再奖励一颗软糖。也就是说，谁能坚持二十分钟不吃手中的软糖，将一共会吃到两颗软糖。

说完这些，心理学家就出去了，他在窗外悄悄地观察这些孩子。有些孩子急不可待，马上就拿起软糖吃掉了。有些孩子先忍耐了一会儿，后来忍不住也吃掉了软糖。而另一些孩子则能耐心等待，暂时不吃软糖。他们为了使自己不受诱惑，耐住性子，或闭上眼睛不看软糖，或头枕双臂自言自语……结果，这一部分孩子终于吃到了两颗软糖。

心理学家继续跟踪研究参加这个实验的孩子们，一直到他们高中毕业。跟踪研究的结果显示：那些能等待并最后吃到两颗软糖的孩子，在青少年时期，仍能等待机遇而不急于求成，他们具有一种为了更大更远的目标而暂时牺牲眼前利益的能力，即自控能力。

而那些急不可待只吃到一颗软糖的孩子，在青少年时期，则表现得比较固执、虚荣或优柔寡断。当欲望产生的时候，他们无法控制自己，一定要马上满足欲望，否则就无法静下心来继续做后面的事情。换句话说，能等待的那些孩子的成功率，远远高于那些不能等待的孩子。

在你们的学习和生活中，也有很多"软糖"诱惑着你们，你们能否等待呢？就像课堂中，聊天说话的诱惑就相当于"软糖"，如果你能抵挡诱惑，能够等待，那你的学习效率就会大大提高；如果你不能等待，那你吃到了"软糖"，也丢失了很多……亲爱的孩子们，希望你们都能学会自制，在恰当的时候享用"软糖"，做个学会等待的优秀学生。

■ 撰文/佚名

奋进人生 / Struggling Life

当眼前出现很有吸引力的食物、玩具或其他用品时，很多孩子常常不能抵挡诱惑，伸手就要拿来。殊不知，自制力对一个人的人生影响重大。只有适时控制自己的欲望，不放纵，不挥霍，你才能在当前和以后的人生抓住更好的时机，实现自己的人生目标或理想。时刻记住：克己修身，严格要求自己，你才能做出非凡的成就。

培养策略 / Training Strategy

为了更远大的目标，暂时牺牲眼前的利益，这就是自控能力。提高自控能力，需要进行长期的反复的自我训练，用惯性来维持和加强。你可以给自己安排一个苦差事，比如晨练或练习一种乐器，每天都在固定的时间练习，风雨无阻，雷打不动，只要坚持下来，你不但提高了自制力，毅力也会相应提高了。

小丫戒零食

小丫特别爱吃零食，导致自己身体发胖。她的梦想是成为舞蹈演员，所以必须要有一个良好的身材。为此，她下决心减肥，戒掉零食。可是当她看到各种好吃的零食时，又流出了口水。你觉得她该怎么做呢？

■ 小丫的做法 /

A.坚决忍住，一口也不吃，就当零食不存在。
B.就吃一点儿，吃完后再努力做运动，把吃掉的零食热量消耗掉。
C.想吃就吃，大不了不当舞蹈演员了。

■ 点评 /

选A的同学：

你有很强的约束力来要求自己，相信一定能戒掉零食。

选B的同学：

既然下决心戒掉，就要严格要求，不能放松，靠着做运动来加以弥补，也容易导致前功尽弃。

选C的同学：

如果这样放纵自己，不但当不成舞蹈演员，还可能会影响你的身体健康，很不可取。

所以A是最好的选择。

■ 专家悄悄话 /

懂得克制自己的不良习惯和欲望，你才能在自己的人生路上做出一番成就。如果不加克制，随心所欲，那最终你会让自己的放纵影响整个人生。别放弃，加强对自己的要求，或让别人来监督你，你可以做得到。

小吉普消防车

● 没有"大个子"的高大，没有"大力士"的强壮，也没有"闪电"的神速，小吉普消防车该如何展现自己呢？

在一座城市里，有一支消防队。这里有消防车"大个子"，它身材高大，装着长长的梯子；还有消防车"大力士"，它装着高压水栓；还有急救车"闪电"。

"大个子"洋洋得意地说："你们看！我的长梯多长啊，不管起火的是多么高的大楼，只要有我在，就不用担心。我'嗖嗖'地把长梯伸出去，就能从高处把火浇灭，而且还能从窗户里救人！"

听了"大个子"的话，"大力士"很不服气。它憋了一肚子气说："哈哈，看来你还不知道我的厉害呀！只要我铆足了劲儿喷出水，不管多大的火，都会乖乖地熄灭。"

"喂，等等。"急救车"闪电"说，"如果有了伤员怎么办？没有我肯定不行吧？我一鸣笛，不管多远的地方，我都能以最快的速度闪电般地飞奔过去，把伤员运到医院。"

虽然大家常常这样自夸，不过一旦发生火灾，三辆车还是齐心协力，一起出去大显身手。"大力士"对准火源向下喷出水柱。"大个子"嗖嗖地伸出长梯，从高楼的窗口伸进去，用水龙带往里喷水，从里面救人。"闪电"飞速地把伤员送到医院。

在这个消防队的角落里，有一辆旧吉普车改装成的小消防车。小吉普消防车与其他几个比起来，看着可逊色多了。它上面装着一台小水泵，还有一个会"嘟嘟"叫的警笛。

可是，谁也不重视这辆小吉普消防车。孩子们总是围着"大个子"、"大力士"、"闪电"，不停地大声称赞，可看到小吉普消防车时，却只说："什么呀，原来是用吉普车改装的呀！"

别看吉普消防车个子小，但是作用可不小。小巷里的矮房着火了，小吉普消防车就立刻出动，"嘟嘟"鸣响警笛，勇猛地奔驰到火场，一会儿就能把火扑灭。

可是，"大个子"、"大力士"、"闪电"总是不屑地说："一场小火嘛，小个子去正合适！""还'嘟嘟'地叫呢！那么点事儿，它还挺来劲儿呢！"

每当听到这些，小吉普消防车总是想："虽然我个子小，但我也能扑灭大楼的火灾呀。"不过，每当大楼发生火灾，消防队长却从来不派它出去。

检阅日到了，小吉普也被擦得锃亮，站在"大个子"、"大力士"、"闪电"的身旁。

它抬头望着"大个子"惊叹："它的长梯简直能伸到天上去！"

看了看"闪电"，它又想："它的样子可真好看呀！"

小吉普觉得自己又小又丑，心里很不是滋味儿。

正在这时，消防队的电话"丁零零"地响了起来。附近村子里的警察在电话里着急地喊道："不好了！山上的小屋子起火了！不及时扑灭的话很可能会引起山火！"

消防队长听了，脸色立刻变了："立即出动！"

"喂，大个子。不，你不行，路太窄！"

"来，大力士。不，你也不行，路太窄！"

"喂，闪电。不，不用了，没有伤员！"

接着，消防队长看着小吉普："好，你去！小吉普，都交给你啦。"

消防员叔叔们拿起工具，跳上了小吉普消防车。小吉普立刻拉响警笛冲了出去。

"嘟——嘟——嘟——"没人再嘲笑它了。

小吉普穿过街道，跑过桥梁，来到村子里。只见黑烟从半山腰滚滚升起。小吉普使足劲儿爬上了山路，虽然路又窄又险，可是小吉普一点都不怕。

小房子正在熊熊燃烧。小吉普把水龙带伸进河里，抽了水后用尽全身力气喷到火上。水在火上"嘶嘶"地响着，冒起了白烟。

消防员叔叔们用斧子奋力砍倒火场周围的树木。

小吉普车用尽最后一口力气，"嘶——嘶——"喷着水。过了一会儿，火终于被扑灭了。太好了！太好了！一场山火避免了！

第二天，城里的各大报纸都登出了小吉普消防车的大幅照片，照片旁写着："山上小屋的火灾是由没熄灭的烟头引起的。由于小吉普消防车大展身手，火灾终于没有演变成山火。于是，附近的村庄也准备了一台小吉普消防车。"

从那以后，孩子们看见小吉普，再也不敢看不起它了，他们都指着它说："嘿，这就是小吉普消防车！别看它个子小，本领却大着呢！"

■ 撰文/渡边茂南　■ 编译/谢露静

奋进人生 / Struggling Life

生活在这个世界上的每一个人都有自己的长处和优点，也同样都有自己的短处和不足。正所谓"尺有所短，寸有所长"，小吉普消防车虽不能在高度、强度、速度上与其他消防车相比，但它有自己独特的用途。所以我们大可不必在乎别人对我们的看法，相信自己，天生我材必有用！

培养策略 / Training Strategy

既然每一个人都有长处和短处，那么我们就应该正确地认识自己和对待别人，既不因自己有不及人之处便妄自菲薄，甚至自暴自弃，也不因他人有不及己之处便自高自大，盛气凌人。只有虚心向他人学习，取长补短才能取得真正的进步。

面对嘲笑

南希性格孤僻，与同学们的关系不是很融洽，经常遭到别人这样那样的嘲笑。面对这些嘲笑，南希非常气愤。爸爸让她把别人嘲笑她的话都写在纸上。你觉得她应该怎么做呢？

■ 南希的做法 /

A.冲到同学们面前，以牙还牙，用同样恶意的话指责他们。

B.忍下心中的气愤，不再和嘲笑过自己的同学说话。

C.认真思考别人嘲笑的哪些是事实，如果自己真有那些毛病，就加以改正。

■ 点评 /

选A的同学：

你的情绪太过激动，这样只会引发更大的矛盾。

选B的同学：

你有一定的控制情绪的能力。但隐忍和断绝交往不利于改善同学关系，要从根源入手，找出发生这种情况的根本原因。

选C的同学：

你有很强的自制力，能从自身找原因，相信一定会得到同学们的理解。

所以C是最好的选择。

■ 专家悄悄话 /

合理控制自己的脾气会帮你改善与他人的关系，使生活变得融洽起来。在面对别人的指责和嘲笑时，先不要暴跳如雷，冷静思考一下是不是自己出了问题。如果是，就改正自己的缺点；如果不是，再用实际行动去消除别人的误解。

一次只做一件事

● 在最紧张、最忙乱的地方该如何保持专注的心态？下面的故事将告诉你答案。

世界上最紧张的地方，可能就要数纽约中央车站的问询处了。在那里，匆匆往来的旅客都争着询问自己的问题，希望能够立即得到答案。

对于问询处的服务人员来说，工作的繁忙和压力可想而知。但是，柜台后面的那位服务人员看起来却一点儿也不紧张。他看上去是那么的轻松自如。

现在，他面前的旅客是一位矮胖的妇人。

"您要去哪里？"这位服务人员很有礼貌地说。

这时，有位穿着讲究，戴着帽子，一手提着皮箱的男士试图插话进来。但是，这位服务人员却旁若无人，只是继续和面前的妇人说话："您要去哪里？"

"马萨诸塞州，春田。"妇人回答。

服务人员根本不需要看列车时刻表，就说："那班车会在十分钟之内出发，在第十五号月台出车。您不用跑，时间还多得很。"

女士转身离开，这位先生立即将注意力转移到下一位客人——戴着帽子的那位男士身上。

但是，没多久，那位太太又回过头来问："你刚才说是十五号月台？"

而这一次，服务人员已经把精神集中到了下一位旅客身上，不再管这位太太了。

有人曾请教过那位服务人员："能否告诉我，你是如何做到并保持冷静的呢？"

那个人这样回答："我并没有和公众打交道，我只是在单纯地处理一

位旅客的问题。忙完一位，才换下一位。在一整天之中，我一次只服务一位旅客。"

■ 撰文/崔鹤同

奋进人生 / Struggling Life

不管做什么事情，都要保持专注，聚精会神，你才不会出错，才能把事情做完做好。所以，要学会努力保持专注，把目光只放在目标上面，这样，任何外在的干扰都不会再阻挡你前进的脚步。

培养策略 / Training Strategy

很多人在做事情时不够专心，把注意力转移到别处，进而导致事情中断，办事效率和质量不高。要提高专注力，我们可以试着到闹市、剧院等嘈杂的地方读书、学习，坚持不受外界所扰，坚持的时间越久，你的专注力就越高。

窗外的笑声

　　三年级一班的窗户正对着操场。一天，大家正在上课，突然操场上传来一阵阵欢快的笑声。学生们都听到了笑声，同时各自有了不同的表现。如果是你，你最可能会怎么做呢？

■ 学生的做法 ／

A.偷偷瞄一眼外面，看看发生了什么事，如果不是特别有趣，再继续听课。

B.不被外面的笑声所扰，一直专心听老师讲课。

C.用书本挡着脸，假装听课，实际心思都跑到了窗外面。

■ 点评 ／

选A的同学：

　　你的专注力还有待提高。管得住自己，你才能专注地把一件事做好。

选B的同学：

　　对，就应该这样，一心不能二用，专心才能成就大事。

选C的同学：

　　不能这样轻易地被外界干扰，把目光拉回来，坚持1分钟，再坚持1分钟，你会发现做到专心并不是很难。

所以B是最好的选择。

■ 专家悄悄话 ／

　　人的心思和精力都是有限的，只有集中注意力才能做好手中的事。所以，千万别三心二意，只关注你正在进行的工作或学习，你的专注力就提高了。

再等一年

● 阿笨按照神仙的指示去找金子，结果空手而归；阿瓜也到同一
个地方去找，却发现了真金，原因何在？

古时候，在一个小渔村里，有两个年轻人，一个叫阿笨，一个叫阿瓜，他们都是老实巴交的渔民。但是他们不甘清贫，每天祷告神仙，希望神仙指给他们一条明路，让他们成为大富翁。

有一天，阿笨梦到一个白胡子老头，白胡子老头对他说："在大海的对岸，有一个美丽的小岛，小岛上有一座寺庙，寺里种有四十九棵朱槿，其中开红花的一棵下面埋有一箱珠宝。"

阿笨醒来后，明白是神仙指给他发财之路，便满心欢喜地驾船去寻找那个小岛。

经过几个月的辛苦旅程，他终于找到了梦中老人指点的小岛。岛上果然有座寺庙，并种有四十九棵朱槿。

此时已是秋天，过了开花的季节，阿笨便住了下来，等候春天的花开。寒冷的冬天一过，朱槿花便一一盛放了，但都是清一色的淡黄。

阿笨怎么找都找不到开红花的那一棵，寺庙里的僧人也告诉他从未见过哪棵朱槿开红花，阿笨便垂头丧气地驾船回到了村庄。

阿瓜听说阿笨去寻找宝贝了，便花了几文钱向阿笨打听小岛的下落。

他也去了那座岛，并找到了那座寺庙。他到达的时候也是秋天，他也住了下来，等候明年的花开。

第二年春天，朱槿花凌空怒放，寺里一片灿烂。奇迹就在此时出现了：果然有一棵朱槿盛开出美丽绝伦的红花。阿瓜激动地在树下挖出了一箱珠宝。

阿笨见阿瓜带回了满满一箱珠宝，非常后悔自己没有在那个小岛再等待一年，只能眼睁睁地看着阿瓜成为村子里最富的人。

■ 撰文/佚名

奋进人生 / Struggling Life

阿笨之所以没有成为富翁，是因为他不懂得等待，忘了把梦想带入第二个灿烂花开的春天！有时候，等到失败了我们才知道，我们离成功其实只有一小步。任何成功都需要有耐性，在等待中坚持，才能守到希望成真。

培养策略 / Training Strategy

耐心等待也是检验自制力的一个重要方面。很多时候，只要我们有足够的耐心，就能等到时机来临。要提高等待的耐性，可以做一些复杂、烦琐、耗时较长的事情，比如绣花、缝纫、解九连环等，这些事情常常需要不断地思索、修正和改进，如果你能慢慢静下心来做这些事，你的耐性就得到了锻炼，自制力也就相应提高了。

钓鱼

星期天，小宁和爸爸一起去钓鱼。半个小时后，小宁的鱼漂都闻丝未动，爸爸却钓上了好几条大鱼。虽然还在那儿坐着，但小宁心里有些着急了，接下来他该怎么办呢？

■ 小宁的做法 /

A.欣赏一下周围的风景，尽量让自己静下心来，耐心等待鱼儿上钩。
B.再坚持十分钟，如果还没有鱼上钩，就换一个地方去钓。
C.等待就是浪费时间，干脆到河里去抓鱼吧。

■ 点评 /

选A的同学：

对，坚持等待，也许下一分钟你就会有收获。

选B的同学：

钓鱼需要有耐心，如果这样换来换去，可能最终在哪里都钓不到鱼。

选C的同学：

钓鱼的乐趣就在于钓，这是有价值的等待，不能就这么放弃。

所以A是最好的选择。

■ 专家悄悄话 /

很多事情都需要我们用耐心来完成，如果你没有耐性，急功近利，看不到成果就马上放弃，那么成功不会属于你。不要怕麻烦，静下心来去认真完成手中的事吧！在耐住性子完成之后，你就会享受到成功的喜悦。

5 志商大检阅

——打造成功的素质基础

　　亲爱的同学，经过前面的故事阅读，又做了一个个小游戏，你对自己的志商有了一定的了解吗？下面，就请你进入"志商大检阅"吧！

　　本章为你精心设置了五个关口：热身关、启动关、加油关、冲刺关和终结关。五关的题目由易而难，分别从不同角度提出问题，来检测你做事的目标性、意志力、果断性和自制力。用心作答，相信你一定会成为一个高志商的强者！

志商大检阅 热身关

同学们，"志商大检阅"现在开始了！这一关是个小热身，题目相对简单，相信你做起来会感觉轻松又容易。但即使简单，也要以百倍的精神来对待。所以现在就打起精神，认真出发吧，第一关不能输给别人！

看看你的意志力有多强

用你真实的想法对下列问题做出"是"或"否"的回答。

　　　　　　　　　　　　　　　　　　　　　　　　　　　　是　否

1. 我常进行长跑、爬山等体育运动，不是因为我喜欢，而是因为这些运动能锻炼我的体质和毅力。……………………………………… □ □
2. 我给自己定的学习计划，常常因为主观原因不能按时完成。…… □ □
3. 我每天都按时起床，从不睡懒觉。 □ □
4. 我认为做事不必要太认真，做得成就做，做不成就算了，什么都没那么重要。……………………………………………………… □ □
5. 有时，我躺在床上，下决心第二天要干一件重要的事情，但到了明天这种劲头又没了。………………………………………… □ □
6. 我下决心去干的事情，不论遇到什么困难，都会坚持下去。…… □ □
7. 当学习中遇到困难时，我首先想到的是问问别人有什么办法。… □ □
8. 我做作业时，喜欢先挑容易的做，难做的能拖则拖，实在不能拖时，才赶时间去做。………………………………………………… □ □
9. 做作业时，我喜欢做一些难题，认为这样有利于提高我的成绩。 □ □
10. 老师交给我一项很有困难的事情，我相信自己能把它独立完成。 □ □
11. 在爬山的过程中，我一旦觉得累了就会停下来休息，不管能不能按时爬到山顶。………………………………………………… □ □
12. 我信奉"凡事不干则已，干则必成"的信条，并身体力行。 … □ □
13. 在我为自己的目标而努力时，很多人都劝我放弃，但我会坚持下去。………………………………………………………………… □ □
14. 我做事的积极性主要取决于这件事的重要性，而不是我是否有兴趣。………………………………………………………………… □ □
15. 学期中的一次小考，我的成绩一落千丈，我会沮丧很多天，并怀疑自己的学习能力。………………………………………………… □ □
16. 每当我的成绩下滑时，我会更加努力学习，再把成绩提上去。 □ □

17.在学习和娱乐发生冲突的时候，即使这种娱乐很吸引我，我也
　　会马上去学习。 …………………………………………………… □ □

18.参加完一次长跑后，身体非常累，我会想以后再也不去跑了。 □ □

19.别人都认为不可能完成的事，我偏想去试一试。 ………………… □ □

20.我相信机遇，很多时候机遇的作用远远超过个人的努力。 …… □ □

21.我希望自己做一个坚强、有毅力的人，并向着这方面努力。 … □ □

22.我做什么事都是量力而行，不会太拼命。 ……………………… □ □

点 评

■ **看看你的意志力有多强**

计分方法：第1、3、6、9、10、12、13、14、16、17、19、21题答"是"计1分，答"否"计0分。其余各题答"是"计0分，答"否"计1分。各题得分相加，统计总分。

9分以下：说明你的意志力很薄弱。稍一遇到困难或挫折，你就会逃避和退缩。你需要坚强一点，勇敢一点，在每天的日常小事中去锻炼，坚持做完每一件事，你的意志力就会慢慢得到提高。

10～13分：说明你的意志力一般。在遇到一般问题时，你能坚持去面对，但如果碰到较大的困难或挫折，你可能会退缩。你需要加强意志力的培养。

14～17分：说明你的意志力比较强。

18分以上：说明你有非常强的意志力。

志商大检阅 启动关

顺利过了第一关，感觉是不是很简单啊？相信你对自己的志商有了更多的信心了吧。继续努力，来闯这一关吧。热身过后，就要正式启动了，这一关的题目比上一关要稍难一些。不过，不要害怕，用心解答，你会闯过这一关的。

001 喜爱音乐的萌萌

萌萌特别喜爱音乐，每天都带着她心爱的随身听。但在后来的一次事故中，萌萌的耳朵失聪了，妈妈悄悄把她的随身听藏起来。但是萌萌自己把它找出来，坚持每天把耳机塞到耳朵里，来"听"几首歌，她说她可以用心"听"到音乐。对于萌萌的做法，你怎么看呢？

A.耳朵失聪了，但还有心灵，她可以用心去感受音乐。
B.明明是听不见了，还要戴耳机，这是自欺欺人。
C.她是个怪人，有心理问题。

002 田径比赛

派蒂参加了一场田径比赛，她本来有希望拿冠军的，但在半路上她腿突然抽筋了，疼得很厉害，她只好减缓了速度。等她的腿恢复正常后，其他选手都超过了她，有的已经到达了终点。现在，拿冠军是没有希望了，她接下来应该怎么做呢？

A.放弃追赶，慢慢走到终点。
B.用正常的速度去跑，坚持跑到终点。
C.奋起直追，用最快的速度奔跑，冲向终点。

003 暑假作业

放暑假了，各科老师都留了一些暑假作业。下面是几位同学对暑假作业的安排情况。你最有可能是哪一种呢？

A. 一放假，先以完成作业为主，以其他事情为辅，在暑假前半期就完成了所有作业。
B. 一边做作业，一边想着去哪里玩。即使出去旅行，也带着作业本，结果既没有玩好，作业也没写多少，等开学的时候勉强完成作业。
C. 一放假就疯玩，完全把作业放在脑后。等开学前两天才想起做作业，结果潦潦草草，大部分作业没能完成。

004 老师拖堂了

周五的最后一节课，大家以为再有十分钟就可以下课了，但老师整整拖了二十分钟还没有要下课的意思。这时，你的反应会是什么样的呢？

A. 很不耐烦，在座位上搞一些小动作，借以提醒老师该下课了。
B. 无可奈何地叹气，虽然还在座位上坐着，但已经无心听讲。
C. 仍能坚持听讲，认真听取老师讲的重要内容。

答 案

■ 001>喜爱音乐的萌萌

A 有时候音乐不一定要用耳朵去听，也可用心去感受。萌萌不是自欺欺人，也不是心理有问题，她的做法恰恰证明她很坚强，她在坚持自己的爱好和梦想。

■ 002>田径比赛

C 虽然没希望拿冠军，但也不能放弃自己的奔跑。在剩下的道路上拼尽全力，即使得不到名次，也不会有遗憾，起码她战胜了自己，她依然是个胜利者。

■ 003>暑假作业

A 学生应以完成课业为基本职责，不可拖拖拉拉。先抓紧时间把作业完成，剩下的时间就可自由支配，玩也能玩得痛快。如果一边玩，一边写作业，或者把作业完全扔到一边，那只能是自食苦果。

■ 004>老师拖堂了

C 对于别人的拖延，要有耐心去等待，这既是对对方的尊重，也是对自己耐性的考验。何况老师讲的内容还有听取的价值，更应认真听讲。

志商大检阅 加油关

　　亲爱的同学，经过两个回合的检验，感觉怎么样？是觉得自己的志商很高，还是有些气馁呢？如果是后者，千万不要泄气。相信自己，就一定可以。闯过这一关，还会有更新的挑战。加油，坚持就是胜利！

001 打鼓

　　陈明是个鼓技不错的架子鼓手，但在参加比赛时，他由于紧张没有发挥出正常水平。台下的观众嘘声一片，评委们也交头接耳，认为他打得太差了。面对这种情况，他该怎么办呢？

A.不再看别人的表情，定下心来，全身心地投入到表演中。
B.停止打鼓，告诉别人不应该嘲笑自己，然后再继续表演。
C.反正也拿不到成绩，退出比赛，总比站在那里被嘲笑好。

002 三个好友的人生目标

　　刘皓、李成和张然是三个好友。在谈到人生目标时，他们的看法和做法各有不同。看看下面他们的选择，你认同其中哪一种呢？

A.刘皓从来没给自己定过什么目标，他认为感觉最重要，每天想做什么就做什么。
B.李成想成为一名钢琴家，但他在学习之余从来不练钢琴。如果别人问起来，他就说等长大以后再说。

C. 张然的人生目标是做一名建筑师，他从很早就开始了解建筑学方面的知识。他每天努力学习，为了实现目标而奋斗。

003 面对邀请

如果一位朋友邀请你星期天一起去爬山，虽然你有时间，但是你不太想去。你会怎么对他说呢？

A. 直接说自己对爬山不太感兴趣，建议和朋友一起去做别的运动。
B. 怕拒绝会伤朋友的面子，思量半天，最后勉强答应。
C. 找个借口，说自己那天没空。

004 发生冲突怎么办

课间活动时，小强不小心撞倒了小明。小明爬起来对小强破口大骂，还打了小强一拳。你觉得小强应该怎么办呢？

A. 坚决予以还击，比小明出手还要重，绝对不能让别人欺负自己。
B. 不会动手，和小明讲理，告诉他打人不对，并说明刚才撞他不是故意的。
C. 躲到一边，尽量压下自己愤怒的情绪。

答案

001>打鼓

A 做什么事都应该坚持到底，不能遇到挫折就放弃，即使拿不到好成绩，你能坚持到比赛结束，也是一种胜利。另外，要想让别人不嘲笑自己，最好的方法就是用实力来证明自己，而不是口头上去阻止。

002>三个好友的人生目标

C 人生应该有明确的目标，有了目标，还应该努力去实现目标。如果漫无目的，只凭感觉，人生可能会变得浑浑噩噩，没有光彩。而有了目标，不去想如何实现，那也等于没有目标。

003>面对邀请

A 朋友应该坦诚以待，不喜欢就果断、明确地说明，也许你提的其他建议更会得到朋友的响应。所以不应该吞吞吐吐，勉勉强强，也不应该找其他的借口。

004>发生冲突怎么办

BC 当被别人冒犯之后，需要较高的自制力来克制自己的情绪，因为以牙还牙只会让事情变得更糟。所以尽量用言语说明其中的道理，解释清误会，或者躲到一边，等自己和对方情绪稳定了再说，这两种做法都是可取的。

志商大检阅 冲刺关

经过了前面三关的考验，说明你的志商有了较大提升。现在，已经到了冲刺的关口了，你准备好了吗？越到最后，考验就越严峻。面对这一关，要打起十二分的精神哟！百尺竿头，期待你更进一步。

未来成功人10Q全商培养

001 车祸之后

程兵在一次车祸后做了截肢手术，失去了右腿，他不得不拄着拐杖走路。经过一段时间的消沉之后，他终于鼓起勇气，决定重新面对生活。他努力去找一份工作，可不是被拒绝，就是被嘲笑。面对这种情况，他接下来该怎么办呢？

A.愤世嫉俗，不原谅那些嘲笑过自己的人。

B.先不找工作了，在家里做一些力所能及的事。

C.坚持去找别的工作，即使再被拒绝也不退缩。

D.认真分析自己的现状，看看自己适合什么样的工作，再有目的地去找。

002 空中遇险

一架客机在空中飞行时，突然遇到一股气流，导致机身颠簸，飞机不能正常飞行。乘客们都非常恐慌，各自做出了不同的举动。你觉得下面这些做法，哪些是可取的呢？

A.慌做一团，躲到椅子底下，乞求上天保佑。

B.保持镇定，并鼓励大家都不要慌，更不要乱动，以免机身更加不稳定。

C.大声质问乘务员到底发生了什么事，让他们拿出解决方案，保证自己的生命安全。

D.马上和大家一起准备好降落伞，并认真听机长或乘务员的安排。

003 被打扰的小西

课间的时候，小西坐在教室里看书，旁边有两个同学不停地打闹，影响了他看书。他想假装听不见，可是怎么也做不到。那么，他该怎么办呢？

A.斥责他们不该这么大声，影响自己看书。
B.一边看书，一边在心里埋怨这两个同学不顾及别人。
C.用委婉的方式告诉他们影响了自己，请他们小点声，或到一边去玩。
D.自己拿上书，另找一个安静的环境去看。

答案

■ 001>车祸之后

CD 既然选择勇敢面对，那就坚持到底，永不退缩。怨恨别人的拒绝和嘲笑解决不了问题，只有自己努力坚持，并想办法找适合自己的工作，这才是正确合理的选择。

■ 002>空中遇险

BD 遇到紧急情况，慌慌张张，乞求上天，或者单纯地斥责别人，让别人来解决困难，不但不可取，还可能造成更大的慌乱，使原本可解决的事情变得复杂，难度增加。所以，应该保持冷静，果断地判断出应该做什么，不该做什么，这样才有利于问题的解决，使危险性降到最低。

■ 003>被打扰的小西

CD 当别人打扰了你，一味斥责对方只会引发更大的矛盾，如果只在心里埋怨而不想办法，也不能使情况得到改观。所以要采取对方能接受的方式，让人家明白你受影响了，这样才能顺利解决问题。或者自己主动换一个环境，问题也就迎刃而解。所以C和D才是合理选择。

志商大检阅 终结关

　　亲爱的同学，欢迎来到最后一关——终结关。通过前面的学习和考验，你一定很想知道自己的志商水平到底有多高吧？那就做一下下面这套"志商水平综合测试"吧。切实了解自己的志商，你才能有目的地提高自己的志商。再一次为你加油，最后的胜利一定属于你！

志商水平综合测试

　　请根据下面的问题快速、忠实地给出你的回答。

1.你有自己明确的人生目标吗？

　　A.有。　　　　　　　B.有目标，但不是很明确。　　C.完全没有目标。

2.当你有了一个明确的目标之后，你会积极去想一切实现目标的方法吗？

　　A.时常会。　　　　　　B.偶尔会。　　　　　　　C.很少这样去想。

3.你一个月前制订的学习计划到现在还没有切实执行，你的想法是：

　　A.无所谓。　　　　　　B.很惭愧。　　　　　　　C.马上决定从今天做起。

4.你已经上小学四年级了，想以后自己独自上下学，不要家人接送了，但父母坚决反对。你会怎么做呢？

　　A.坚持自己的主见。　　B.犹豫不决。　　　　　　C.顺从父母。

5.你立志当一名科学家，但是大家都说科学家太辛苦了，纷纷劝你选一个相对轻松的行业。你会怎么做呢？

　　A.坚持自己的目标。　　B.拿不定主意。　　　　　C.放弃目标。

6.你碰到了一道数学难题，演算了半天也没做出来，接下来你会：

　　A.不做了。　　　　　　B.打电话问别人。　　　　C.自己再认真演算。

7. 别人无意中冒犯了你，你会怎么办？

    A. 当什么事也没发生。 B. 记恨在心。   C. 当场翻脸。

8. 你觉得别人最有可能用下列哪个词汇来评价你：

    A. 胆小   B. 柔弱   C. 坚强

9. 当你做完一件事，别人都夸你做得不错，但实际还没达到自己预期的效果，你会：

    A. 洋洋自得。   B. 对自己比较满意。   C. 继续努力。

10. 在与同学们做同一件事的时候，你会要求自己的标准高于其他人吗？

    A. 几乎每次都是这样。 B. 时常会。   C. 一般不会。

11. 每当你做一件很有困难的事情时，你的态度是：

    A. 相信自己能做好。 B. 试试看。   C. 认为自己不可能完成。

12. 生活中遇到比较复杂的事情，你通常会：

    A. 交给别人去处理。 B. 犹豫不定。   C. 坚持自己拿主意。

13. 老师在黑板上列出一道较难的题目，问大家谁上台去解一下，你会举手吗？

    A. 会。   B. 很犹豫。   C. 不会。

14. 你明明知道延期交作业是不好的习惯，你决定去改掉这个习惯。但结果会是：

    A. 失败了。

    B. 前期有一定改进，但慢慢回归本性。

    C. 成功了。

点评

■ **志商水平综合测试**

计分方法：第1、2、4、5、7、10、11、13题，选A得3分，选B得2分，选C得1分。其他题目，选A得1分，选B得2分，选C得3分。按照上述规则将每题的得分累加，得出总分。

17分以下：你的志商水平很弱。你做事可能常没有目的性，遇到困难就会退缩，犹豫不决、胆小怕事是你惯常的表现。你可能还无法控制自己的情绪，易怒、易悲、易喜。这样的你亟需提高志商哟！

18～29分：你的志商为中等水平。你也有自己的人生目标，但有时候可能不明确，遇到较大的困难不能坚持到底。你的行动相对果断，除非遭遇重大事情。你一般能控制自己的情绪，但如果遇到极端事情，你可能就会失控。

30分以上：你有很高的志商。你有自己明确的人生目标，并能坚持去实现目标，在困难面前不低头，遭遇失败不泄气，而且你行动果断，并很善于控制自己的情绪。相信你会在成功路上走得很远。

图书在版编目（CIP）数据

WQ 志商：有大志，成大器／龚勋主编．—北京：
华夏出版社，2013.1
ISBN 978-7-5080-7241-8

Ⅰ.① W… Ⅱ.①龚… Ⅲ.①成功心理—青年读物②
成功心理—少年读物 Ⅳ.① B848.4-49

中国版本图书馆 CIP 数据核字（2012）第 249499 号

出品策划：文轩出品
网　　址：http://www.huaxiabooks.com

未来成功人 10Q 全商培养
WQ志商：有大志，成大器

总 策 划	邢　涛	出版发行	华夏出版社
主　　编	龚　勋	地　　址	北京市东直门外香河园北里 4 号
项目策划	李　萍	邮　　编	100028
文字统筹	谢露静	总 经 销	新华文轩出版传媒股份有限公司
编　　撰	李珊珊		
责任编辑	李菁菁	印　　刷	北京丰富彩艺印刷有限公司
		开　　本	787×1092　1/16
设计总监	韩欣宇	印　　张	8
装帧设计	乔姝昱	字　　数	100 千字
版式设计	乔姝昱	版　　次	2013 年 1 月第 1 版
美术编辑	安　蓉　周辉忠	印　　次	2013 年 1 月第 1 次印刷
图片绘制	小春插画设计工作室等	书　　号	ISBN 978-7-5080-7241-8
印　　制	张晓东	定　　价	20.00 元

● 本书中参考使用的部分文字及图片，由于权源不详，无法与著作权人一一取得联系，未能及时支付
稿酬，在此表示由衷的歉意。请著作权人见到此声明后尽快与本书编者联系并获取稿酬。
联系电话：(010)52780202